快乐的人生

[美] 戴尔·卡耐基 著 亦言 译

中国友谊出版公司

图书在版编目（ＣＩＰ）数据

快乐的人生 ／ （美）卡耐基（Carnegie,D.）著 ；亦
言译. —— 北京 ：中国友谊出版公司，2013.10（2019.6重印）
ISBN 978-7-5057-3222-3

Ⅰ．①快… Ⅱ．①卡… ②亦… Ⅲ．①人生哲学－通
俗读物 Ⅳ．①B821-49

中国版本图书馆CIP数据核字(2013)第165014号

书名	快乐的人生
作者	[美] 戴尔·卡耐基
译者	亦言
出版	中国友谊出版公司
发行	中国友谊出版公司
经销	新华书店
印刷	北京中科印刷有限公司
规格	889×1194毫米　32开
	8印张　183千字
版次	2013年10月第1版
印次	2019年6月第6次印刷
书号	ISBN 978-7-5057-3222-3
定价	39.80元
地址	北京市朝阳区西坝河南里17号楼
邮编	100028
电话	（010）64678009

版权所有，翻版必究
如发现印装质量问题，可联系调换

电话　（010）59799930-601

目录

第一篇

理顺家庭关系

第一章　让自己独立

1871 年的春天，蒙特瑞总医院一个年轻的医科学生正在为如何通过期末考试，毕业以后去哪里，做些什么，靠什么挣钱而苦恼。他无意间翻开一本书，书中的一句话深深地影响了他的命运。

后来，这个年轻的医科学生成长为他那个时代最伟大的医学家。他创建了著名的霍普金斯医学院，被牛津大学医学院聘为讲座教授——这算得上是英国医学界的最高荣誉，英国女王甚至册封他为爵士。他去世以后，描述他光辉一生的传记作品长达 1466 页。

这个曾经懵懂的医科学生便是后来大名鼎鼎的威廉·奥萨爵士。那句改变他一生的话来自历史学家托马斯·卡莱尔：关注今天的现实，不要痴迷于遥远又模糊的风景。

42 年后的一个夜晚，威廉·奥萨爵士在开满郁金香的耶鲁大学校园里发表了演讲。他真诚地对学生们说，人们肯定认为像他这样一个曾经执教于 4 所著名大学的教授与畅销书作家，会有超越常人的天赋，但事实并非如此，认识他的人都知道，他只是个普通人。奥萨爵士说，他之所以能够取得这些成绩，都是因为他能够在一个"独立的隔舱"里生活。这句话究竟是什么意思呢?

在去耶鲁大学演讲前的几个月,奥萨爵士在一艘横渡大西洋的轮船上看见船长站在驾驶室里指挥,船长按了一个按钮,使轮船全速前进,几声杂乱的机械碰撞声后,轮船的几个舱门都在一瞬间关闭,变成了一个个完全独立的隔舱。

奥萨爵士接着说道:"其实,每个人的一生都要比那艘轮船奇妙得多,每个人要走的路,也比那艘轮船的航程远得多。我想给大家的忠告是,学会将自己的人生航程控制在一个'完全独立的隔舱'里,这样,你的航行才会安全。你至少要走进船舱,检查一下那些舱门是不是完好无损。按下按钮,关闭铁门,将已经死去的过去隔离开;再按下另一个按钮,关上另一扇铁门,将无从知晓的未来也隔离开。这样,你就真正处于安全之中了。愚蠢的人才会为昨天落泪,为明天担忧。对昨天的忧虑和对明天的烦恼是今天最大的绊脚石,即使最强壮的人也会被它压垮。如果放弃今天,而为想象中的未来费尽心思、忧愁苦闷,那简直是在折磨自己。你要做的,只不过是关上舱门,生活在一个'完全独立的隔舱里'。"

奥萨爵士讲这样的话,难道是说我们不需要为明天做好准备吗?不是的,在演讲中他强调,把全部心智和热情投入今天的工作中去,就是对明天最好的准备,这也是争取未来的唯一有效的方法。

所以,无论怎样,你都需要为明天做好准备,考虑周全,安排好一切,但千万不要为明天焦躁不安。

在战争期间,军事指挥官必须为将来的战事制订计划,但他绝不能为明天的战事感到焦虑。"作战时，我会把最好的装备提供给最好的部队，"美国海军上将阿尔斯特·金恩说，"然后把最艰巨的任务交给他们，这就是在作战中我所能做的事。"

"如果一条船沉没了，"阿尔斯特上将接着说，"无法把它打捞起来。与其后悔昨天的事情，不如抓紧时间去解决明天的问题，何况要是我总为这些事情烦恼的话，我就不能在战争中支撑多久。"

无论是在战时还是在和平时期，积极的心态和消极的心态之间的基本区别就是：用积极的心态考虑事情的原因和结果，能得出符合逻辑的、有建设性意义的决策；相反，消极的心态往往会导致人精神的崩溃。最近我荣幸地访问了世界上最著名的《纽约时报》的发行人亚瑟·苏兹伯格。他告诉我，当第二次世界大战的战火蔓延整个欧洲的时候，他感到震惊并对人类的未来感到担忧，这让他几乎无法入睡。苏兹伯格经常半夜起床，拿着画布和颜料看着镜子想画张自画像。那时，他对绘画一无所知，但是他还是画着，因为这样能减轻他内心的焦虑。最后，一首抒情诗歌消除了他的焦虑，让他的内心重新安宁下来的诗句。这段诗歌后来成为他的座右铭：

只看我一步之前，
引导我，那仁慈的灯光，
是你让安宁常伴我的身边。
我并不想看遥远处的风景，
只看距我一步之遥给我带来安宁的灯光。

第二章　每天都是新的一天

　　1945 年 4 月，因为过度忧虑，军中服役的泰德·本哲明诺患上了结肠痉挛，这种病非常折磨人，如果战期延长，他很可能会撑不下去。本哲明诺回忆：

　　当时，我正在第 94 步兵师任职，长期的劳累让我觉得极度疲惫。我的工作是记录战争中牺牲后被匆匆埋掉的官兵，我把他们的遗物收集起来，然后把这些遗物送到他们的家属或者朋友那里。我总是担心在工作中产生失误，而且，我也时刻在担心着自己的生命，我不知道还能不能活到战争结束，我期盼着回家，抱抱我那还没见过面的儿子，他已经 16 个月大了。我每天都这样担忧着，身心俱疲，整整瘦了 30 斤，眼看着自己只剩下一把骨头了。

　　一想到自己可能会惨死在异地，我就极其恐惧，像小孩子似的一边哭一边发抖。在德军进行最后一次大反攻的那段日子里，每当独处时，我就忍不住哭泣，我已经没有信心再像一个正常人那样生活下去了。

结果，我住进了医院，一名军医给我的忠告彻底改变了我的一生。他给我做了一次全面检查，确诊我是由于精神过度紧张而生的病。他对我说："泰德，你要把人生当成一个沙漏，沙漏里面的沙子数也数不清，但是只有一条细缝可以供它们通过，所以，沙子只能一粒一粒慢慢流下去，在不打破沙漏的情况下，我们都无法让更多的沙子同时通过细缝。其实，每个人的生活都如同这个沙漏，每天一睁眼，就有一大堆工作等着我们去完成，而且，必须要在一天内解决掉。这些事情，如果我们不像沙漏通过细缝那样一件一件地做，就会使自己心力交瘁。"

我把军医的这段话牢牢记在心里，在之后的生活里，我始终奉行着这样的人生哲学：一次只让一粒沙通过，一次只做好一件事。直到现在，它仍然指导着我在印刷公司公关广告部门的工作。我发现，生意场就如同战场，要在很少的时间里处理很多的事情：原料不够、新报表有待处理、安排订货、地址变更、分公司的增设和关闭等。我不再忧愁不安，"一次只让一粒沙通过，一次只做好一件事"，我时常重复着军医讲给我的话。我的工作效率因此提高了，再没有过以前在战场上的那种焦虑情绪。我已经推开生活中那扇通往平和心境的大门。

当下，最可怕的事情是，我们的医院里一半以上的床位是留给患精神疾病的人的，他们会垮掉，都是因为昨天和明天的压力汇集在了一起。如果他们能够牢记耶稣的格言——不要为明天忧愁，或者是威廉·奥萨爵士的话——生活在完全独立的隔舱里，他们就不会生病住医院，而会过上轻松愉悦的生活。

我们永远都站在人生的交会点上——已经消失得无影无踪的过去，还有永恒难测的未来。我们不可能同时存在于过去和未来，我们要珍惜现在的生命，把眼下的事情做好。"无论压力有多大，每个人都要坚持到夜幕降临。"罗伯特·史蒂文森写道，"无论工作有多么的辛苦，每个人都能尽力完成。从日出到日落，每个人都要以愉悦的心情生活，这便是生活的真理。"

这正是人生的真理之一。在懂得这个真理之前，密歇根州的希尔太太曾经一度陷在绝望的泥潭里，她甚至有过自杀的打算。希尔太太对我讲述了她的过去：

我的丈夫在 1937 年去世了，那个时候，我身上已经没什么钱了，心情也跌落到了低谷。我写信给我以前的经理莱奥·罗奇先生，他同意让我回去做我以前的工作。两年前，我把汽车卖掉了，现在勉强凑了点钱，买了辆分期付款的旧车，又开始做起了推销员，向学校推销《世界百科全书》。

我原本以为做些事情可以转移自己的注意力，让我不再焦虑。但独自一人的生活给我带来了巨大的压力。我的工作做得毫无起色，连分期买车的钱也支付不起。

1938年春天，我到密苏里州的维沙里市去做推销。那里的学校经费不够，道路年久失修，一种巨大的孤独感环绕着我。一想到成功的希望渺茫，活着举步维艰，我顿时丧失了活下去的勇气。每天早上，我都为起床后要面对的生活而忧虑，身边的一切都让我担心不已：我怕自己付不起车钱，怕自己交不起房租，怕自己没有饭吃，怕自己没钱看病。总之，我什么都怕。我没有自杀的唯一理由是怕我的死会给姐姐带来难以承受的痛苦，何况她也没有钱为我支付丧葬费。

然而，有一天，我读到一篇文章，它让我摆脱了绝望的阴影，使我获得了继续生活下去的勇气。那句让我心生感激、重新振作起来的话是：对一个了解生活的人来讲，每一天都是崭新的。我把这句话打印出来，贴在车窗上方，这样我在开车的时候就可以看到它了。我发觉每次只认真生活一天其实很容易，我学会了把过去忘掉，也学会了不去想明天的事情，每天早上我都会对自己说："今天又是崭新的人生。"

我彻底地克服了对孤独的恐惧和对穷困的担忧。现在，我的日子过得很愉快，事业上也取得了一些成绩，对人生充满了希望和热情。无论生活中再发生什么，我都不会再担忧了。因为我明白，每个人都没有必要为将来担忧，只要认真过好眼下的每一天，一切都会豁然开朗。"对于一个了解生活的人来讲，每一天都是崭新的。"

第三章　学会欣赏窗前的玫瑰

猜猜是下面这首诗是谁写的：

能够善待今天的人，
是真正懂得欢乐、懂得享受生活的人。
他们可以把每一天都过得很好，
他们会对人们说：
"不管以后会有什么样的灾难，
我都会过好每一天。"

这看上去像不像现代诗？实际上，它是古罗马诗人贺拉斯创作的。

人类所有天性中最可悲的地方就是忽略现在，人们总是在记挂着未知的将来。我们的心中只有遥远天边的玫瑰花园，对怒放在窗前的蔷薇却无暇顾及。我们为什么一定要做这么愚蠢的事情呢？

史蒂芬·李高克写道："我们的一生是那么的奇怪。童年时说：'等我变成少年的时候……'少年时说：'等我到了成人的时候……'成人后又说：'等我结婚了……'结婚后又在想'等我退休以后……'终于退休了，回想过去的时光，不禁心生悔恨，美好的时光已经被虚度过去，一切都回不去了。生活，就在每一天和每一个小时里，我们应当活在当下的时时刻刻。"

在明白这个道理之前，底特律城已故的爱德华·依文斯差点因为忧虑而丧命。爱德华生长在一个贫苦的家庭，童年时代当过报童，长大后在一家杂货店当店员。为了一家7口的生存，他到图书馆当了管理员，虽然薪水很少，但是却不敢辞职。

8年后，爱德华终于有了开创自己事业的勇气。他借了55美元作为启动资金，事业发展起来后，他每年能挣2万美元。之后，厄运降临了。他为朋友做了担保，然而朋友却破产了。没过多久，存有他全部资金的那家大银行也破产了。这时候，他不但身无分文，还欠下了1.6万美元的债务。生活的巨变让他的身心都无法承受，"那个时候，我吃不下饭，睡不着觉，"他说，"我得了一种奇怪的病，每天都打不起精神。有一次，我在街上走着走着，突然就晕倒了，之后我就无法行走了。我的身体相当虚弱，在床上休息的时候，连翻身都做不到。最后，医生对我说，我只有半个月的活头了。我大吃一惊，只好写了份遗嘱，然后躺在床上等死。然而就在那个时候，我的内心发生了很大的变化，我放弃了挣扎和忧虑，身心也因此放松了下来。以前，我每天都无法安睡两个小时以上，然而现在，我把所有不愉快都抛开了，我睡得像个孩子一样香甜。让人疲惫的忧虑感渐渐消失，我有了胃口，也慢慢变胖了。"

"几个星期后，我已经可以拄着拐杖走路了，又过了 6 个星期，我已经能够正常工作了。以前，我每年能赚 2 万美元，然而现在，每周 30 美元的工作就能够让我满足了。我的工作是推销船运汽车时放在车胎下面的挡板。生活的教训让我学会了不再忧虑，不再为过去的事情后悔，不再为将来担忧。我把所有的时间、精力和热情都投入工作中了。"爱德华·依文斯的事业发展得很快，几年后，他就当上了依文斯公司的董事长。在纽约股票交易所里，依文斯公司的股票一直都是大家关注的焦点。现在，如果你有机会坐飞机去格陵兰，很可能会降落在依文斯机场，那是为了纪念他而命名的机场。假如他没有学会欣赏窗前的玫瑰，他绝对不会取得如此大的成就。

你或许会知道这样一句话：人们总是想着明天要吃果酱，昨天已经吃过了果酱，但是就不想着要快点吃掉今天的果酱。我们很多人都是如此，我们总在担心昨天和明天的果酱，却不知道赶快在今天的面包上涂满果酱。

即便是伟大的法国哲学家蒙田也犯过这样的错误。他说："在生活中，我曾经不停地担心这担心那，但是这些担心大多从来都没有发生过。我是这样，你也必定是这样。"

但丁说："今天永远不会再有。"转眼间，生命就像流水一样远去了，只有"今天"才是我们最应该珍惜的，因为，只有"今天"才是我们真正可以把握的。

这也是劳维尔·托马斯的座右铭。最近，我来到他家度周末，看见一首装裱起来的《圣经》赞美诗，挂在书房的墙上。诗中写道：

这就是耶和华创造的今天，

我们应该快乐地分享它。

约翰·罗斯金的书桌上放着一块石头，上面刻着"今天"两个字。虽然我的书房里没有摆放石头，但我每天清晨刮胡子的地方也贴着一首诗——《致黎明》，当然，这也是威廉·奥萨爵士压在他书桌上的诗，诗的作者就是印度著名戏剧家卡里达撒。

迎接今天吧！

今天就是人生，就是一切。

它转瞬即逝，

却蕴含着生命的全部成果：

成长的欢乐，

拼搏的荣誉，

美景就在今天呈现。

昨日如梦，

明天只是一个幻影。

认真地活在今天，

昨日的梦想，

都在今朝实现；

而明天的憧憬，

必将成为真实的希望。

所以，珍惜今日，

就是我们对黎明最好的问候。

第四章　从消除忧虑开始

你是否想找到一种有效地排解忧愁的办法？威利斯·卡瑞尔发现了这个方法。卡瑞尔先生是位杰出的工程师，他研制开发空调产品，在纽约州的塞瑞库斯市创办了著名的卡瑞尔公司。

和卡瑞尔先生共进午餐时，他对我讲道：

我年轻时，曾在纽约州布法罗市的布法罗钢铁公司工作。一次，公司派我去密苏里州水晶城的玻璃公司安装一套瓦斯清洁机。

我以前尝试过这种新的清洁瓦斯的方法，但现在和当时的情形已经大相径庭。在密苏里州水晶城做调试时，我遇到了意想不到的困难。经过一番努力，设备虽然能够使用了，但距我们先前所保证的质量要求还相差很远。

我失败了，非常沮丧，仿佛头上被人重重地击了一拳。我的肠胃都开始疼痛起来，那段时间，我几乎无法入眠。后来，我终于醒悟到，忧虑并不能解决问题。我需要找到解决自己忧虑的方法，我很幸运地找到了它。这个方法很简单，分三个步骤进行：

第一，坦然地面对全部问题，把最坏的结果列出来。总不会坐牢或被判死刑吧？的确，我很有可能会丢掉这份工作，或者因撤回这套机器而使公司遭受两万美元的损失。

第二，在做出最坏打算之后，在必要的时候勇敢地接受它。我会告诉自己，我的档案上将会因为这次失败留下污点，甚至会让我丢掉这份工作。但我还可以另找一份工作，尽管报酬可能会降低不少。另外，从老板的角度看，他们也知道，现在我们是在开发一种新的清除瓦斯的方法，损失两万美金他们也能够接受，把它当作实验经费好了。事前估计到可能出现的最坏结果，并让自己勇敢地接受它，这样一想，我立刻放松下来，体会到了那些天来从未有过的平静。

第三，集中时间和精力，改变那最坏的结果。面对两万美元的损失，我想方设法，尽可能减少我们即将面临的损失。经反复试验，我发现，如果我们再投资 5000 美元添加一些设备，问题就能够解决了。照这个方案，公司最少能赚 1.5 万美元。

当时，如果我一直陷于忧虑之中，根本无助于解决这个问题。忧虑会摧毁我的精神，这是最大的危害。忧虑会让我的思绪发生混乱，甚至失去判断力。然而，如果我们敢于正视最坏的结果并在内心接受它，并把所有可能出现的情况加以分析，这样反而能够全神贯注地解决问题。

那么，威利斯·卡瑞尔的万能公式的巨大价值究竟在哪里呢？从心理学的角度讲，它驱散了笼罩在我们心头的迷雾，让我们走出了忧虑的阴影，看清了自己所处的位置。它使我们保持理智，使能够集中精神解决问题。

1910 年，应用心理学之父威廉·詹姆斯去世，如果他现在还健在，他也会赞同这个应付最坏结果的方法。因为他曾经告诫他的学生说："你要欣然接受那些可能的结果，因为接受已经出现的情况，是战胜以后所有困难的第一步。"

林语堂在他编写的那本很有影响的《生活的艺术》里也提到了相同的观点："从心理学角度来讲，内心安宁，能够面对最差的结果，就可以挖掘出人的潜能。"

确实是这样。当我们连最坏的结果都能够欣然接受的时候，就不必再为失去什么而担心了，即便是失去了，也能够挽救回来。卡瑞尔说："如果能够接受最坏的结果，那么人的精神立刻就能够放松，你可以获得未曾有过的平静。这个时候，你就可以思考了。"

然而，生活中依然有成千上万人的生活毁于忧虑。因为他们不愿意接受最坏的结果，不愿意竭尽全力去挽回。他们并没有重新构建自己的人生，而是徘徊在痛苦之中，内心的痛苦折磨着他们，他们被忧虑击溃。你是否愿意看看，其他人是怎样运用威利斯·卡瑞尔的万能公式来解决问题的呢？来看下面这个例子吧。

这是我的一位在纽约做石油商人的学员亲身经历的：

我怎么都无法相信我被人敲诈了，这种在电影里才会发生的事情，竟然被我遇到了，真是难以置信，然而这是真的！事情是这样的：我的石油公司有几辆运油的汽车和几个司机，那时正值战争时期，物价条例管理得很严格，我们为每个客户提供的油量都有配额限制。有几名司机在给客户运油时，把每份油克扣下来一点，然后把偷来的油卖给别人，而我对此一无所知。

一天，一个自称是政府稽查员的人来找我。他说他拿到了我们公司运货司机的违法证据，并威胁我说如果不给他些好处，就要把证据送到地方检察官那里去。直到那时，我才知道公司里存在着这种非法买卖。

我并不是很担心，因为我本人并没有参与这种非法交易，至少这件事情与我本人没有直接关系。但是，我知道法律规定公司老板要对员工的行为负责。而且，这个案子一旦被法院受理，肯定会被刊登在各家报纸的新闻里，这些负面的消息会把我的公司毁掉。我的公司是父亲在24年前创立的，我一直以它为荣。

连续三天三夜，我担忧得吃不下饭，睡不着觉，这件事一直困扰着我。我不知道是应该把钱给他，还是随他怎样，我无法下决定。

一个周日的晚上，我随手拿起一本名字叫《不再忧虑》的小书，这是我以前听卡内基培训课时领到的书。当读到威利斯·卡瑞尔先生的故事，里面讲到"面对最坏的结果"时，我对自己说："如果我拒绝把钱付给那个敲诈者，而他把那些违法证据送到了法院，会出现什么最糟糕的结果呢？"

答案是我不至于坐牢，最糟糕也就是这些被媒体曝光，我的生意也因此被毁掉。我对自己说："好吧，我可以接受生意的失败。但是往下又会是什么情况呢？"

生意没有了，我就得去找别的工作，情况并不是很坏，我在石油方面算是内行，或许有几家石油公司愿意聘用我，想到这里，我的心情放松了下来，忧虑感开始慢慢消散，情绪也好一些了。我又能够清楚地思考问题了。

现在，我清楚地看到了第三步：如何面对最糟糕的情况。一个新的想法出现在我的脑子里：如果我对我的律师讲明一切，也许他会告诉我一个我从来都没有想到过的解决方法。

我立刻做出第二天一早去见律师的决定，然后，我躺到了床上，很快就进入了梦乡。第二天上午，我按照律师的建议，直接找到了地方检察官，向他说明了事情的全部经过。让我大吃一惊的是，地方检察官说，类似的敲诈案已经连续出现好几个月了，那个自称是"政府官员"的人，实际上是警方通缉的诈骗犯。当我为是否要把钱交给那个诈骗犯而忍受了三天三夜的折磨后，听到地方检察官说的话，我一下子轻松了。

这件事给了我深刻的教训，我一辈子都忘不了。现在，每当出现让我忧虑的困难，我就会用卡瑞尔的万能公式来解决。

第五章　带着棺材去旅行

1948 年 11 月 17 日，艾尔·汉斯在波士顿斯帝拉大酒店亲口对我讲述了他经历的事情：

1929 年，经常性的忧虑使我患上了胃溃疡。一天夜里，我的胃突然大出血，救护车把我送到了芝加哥大学医学院附属医院进行抢救。我的体重从 175 磅一下子下降到了 90 磅。

我的主治医生警告我说，病情已经极其严重，连头都不能抬了。三个医生迅速组成医疗小组，其中一个是胃溃疡方面的著名专家，他说我几乎"无药可救"了。我只能靠每小时吃半匙苏打粉、半匙牛奶和半匙半流质的食物来维持生命，每天早上和傍晚，护士都要把一条橡皮管插进我的胃里，以清理里面的残渣。

一连几个月，我都是这样度过的。后来有一天我终于说服了自己，我对自己说："好好睡一觉吧，艾尔·汉斯，如果除了死别无选择，那为什么不把死之前的时间好好利用起来呢？你这辈子最大的愿望不就是环游世界吗？如果再不去做，就再也没有机会了。"

我把想去环游世界的想法告诉了医生，他们大惊失色："你真的想去环游世界！如果你真的去环游世界的话，你肯定会死在旅途中，被埋葬在大海里。"我胸有成竹地回答说："不会的！我安排好了，在旅行时我会随身带上一口棺材，假如在旅途中我去世了，他们会把我的尸体装进棺材里，存放在冷库中，然后运送回家乡，葬在内布拉斯加州家乡的公墓里。"

随后我便开始了环游世界的旅程，我念着日本禅道大师的诗句：

啊！在化为泥土之前，
就让我们愉快地生活在世间吧！
一旦离开这世界，那寂寞的泥土下，
将再没有酒，再没有音乐，也再没有歌声，
有的只是永恒的沉默。

在洛杉矶的港口我登上了"亚当斯总统号"游轮，在旅途中，我已经明显感觉到自己身体的好转，我逐渐不需要吃药和洗胃了。没多久，我的胃口就变得很好了，能够吃下所有的食物，就连别国的特产也吃得很香。医生说过吃这些东西，会让我丢了性命，但是我却安然活着。

在环游旅行的几个星期里，我渐渐能喝上几杯酒，能抽黑雪茄了。我真的感觉到，这几年来从未像现在这样享受生活的快乐。在旅途中，我们在太平洋遭遇过台风，在印度洋遇到过季风。假如我仍旧停留在忧虑的状态中，这些惊险的事情早就让我进了棺材。可是，旅途中所有的这些冒险都让我无比兴奋和愉快。

我在游轮上的生活，就是唱歌、做游戏和结交朋友，有时整晚都在开心地玩耍。到了中国和印度，我才发现我原来的生活简直是在天堂里，这是我与东方一些贫穷落后地区相比得出的结论。于是，我的忧虑没有了，心情也舒畅了。回到美国时，我的体重增加了整整90磅，我几乎忘记了曾经得过胃溃疡，那可是致命的疾病。在我的一生中，我还从未像现在这样轻松愉快过。我重新开始了工作，并且再也没有生过什么病。

诺贝尔医学奖得主亚历西斯·卡瑞尔博士曾经这样说："不懂得如何抗拒忧虑的商人，都会短命而死。"其实岂止商人，家庭主妇、兽医和泥水匠都概莫能外。精神失常的原因是什么？没有人能回答。可是在大多数情况下，恐惧和忧虑极可能就是诱因。人在焦虑和烦躁不安时，通常不能适应现实的世界，也逐渐会与周围的环境割断所有的联系。

若想知道忧虑对人的影响，你不必费力到图书馆或医院去找答案。从家里凭窗眺望，你就能看到在不远处的一栋房子里，有一个人因忧虑而精神崩溃；而在另一栋房子里，则有一个人因为忧虑而患了糖尿病，股票的陡然下跌会使他血和尿里的糖分升高。

忧虑会摧毁男人的智慧和女人的容颜。忧虑会使我们牙关紧咬，破坏我们的表情，会使人脸上产生皱纹，头发灰白，甚至脱落。忧虑会使你脸上的皮肤出现斑点、溃烂和粉刺。

忧虑如同不停滴下的水，通常会让人因丧失心智而自杀。在这里，我把卡瑞尔博士的话再重复一遍：一个人如果不知道如何抗拒忧虑，都会短命而亡。

第六章　世界上最便宜的药

我的学生马利安·道格拉斯曾经对我讲述了他的两次不幸。第一次是他失去了自己非常珍爱的女儿，他和妻子都无法接受这个现实。10个月后，上帝把第二个女孩赐给了他们，然而她也仅仅活了5天就夭折了。

马利安几乎无法承受连续两次的打击。"我吃不下，睡不着觉，我快崩溃了，我的所有信心都消失了。"他不得不去看医生，医生建议他吃安眠药或者旅行。这两种方法他都试了，可是没有一点效果。他说："我感觉我的身体被一只大钳子夹住了，而且越来越紧。"如果你也曾经有过这种悲伤或者麻木的感觉，你就能明白他的意思了。

好在我还有个4岁大的儿子，他帮我找到了放松心情的方法。一天下午，我因为难过而呆坐着，儿子跑过来问我："爸爸，你能给我做一只玩具船吗？"我真的没有心情去做船。实际上，我对任何事情都没有心情。可是儿子太缠人了，我没有办法，只好答应他。

做一只玩具船需要3个小时左右。船做好后，我发觉这3个小时是我这几个月以来第一次心情轻松的一段时间。这让我从浑浑噩噩中清醒了过来，也让我思考了很多。我发现，如果我忙于做一些需要专心做的事情，就顾不上忧虑了。那只玩具船击垮了我的忧虑，于是，我决定让自己忙碌起来。

那天晚上，我把家里每个房间都巡视了一遍，在纸上列出了所有需要做的事情。我发现家里有很多东西需要修理：书架、楼梯、窗帘、门闩、锁头、水龙头等等。出乎我意料的是，在短短两个星期里，我竟然列出了242件需要做的事儿。

我用了两年时间完成了那些事情。除此以外，我还参加了很多有意义的活动，每周两个晚上到纽约市参加成人教育班，还参加了小镇上的一些活动。现在，我是校董事会主席，需要出席的会议很多，还要协助红十字会和其他机构做募捐，忙得简直没空忧虑。

这句话丘吉尔也说过。丘吉尔在战事紧张时每天工作长达18个小时，别人问他是否为沉重的责任而忧虑，他说："我忙得没空忧虑。"

汽车自动点火器的发明者查尔斯·柯特林也遇到过类似的情况。柯特林先生一直担任通用公司的副总裁，最近才刚刚退休。然而当年他可是个穷光蛋，把粮仓或者堆稻草的仓库当成实验室，靠妻子教钢琴赚的钱来维持一家人的生活。甚至他把自己的人寿保险当作抵押，借了 500 美元做实验经费。我曾经问他妻子，在那段时期里，她的生活是不是充满了忧虑。"没错，"她说，"我担忧得无法入睡，可是柯特林却丝毫也不担忧，他每天都埋头于工作，顾不上忧虑。"

伟大的科学家巴斯特曾经说过"能够从图书馆和实验室中获得平静"。为什么能够在那里获得平静呢？因为人们在图书馆和实验室的时候，通常都忙于自己的工作，没有时间担忧。所以，很少有做研究工作的人会精神崩溃，因为他们没有时间去"享受"这么"奢侈"的东西。

为什么"保持忙碌"就能够消除忧虑呢？心理学给出了解答：一个人无论有多么聪明，都不可能同时考虑一件以上的事情。如果你不相信，那就让我们来做一个实验：你假设自己坐在椅子里，闭着眼睛同时想自由女神的形象和明天早上你的计划。

很快你就会发现，你只能做到一次只想一件事，而不能在同一时间想两件事，从情感上来讲，也是如此。我们不可能在热情、认真地做着令人兴奋的事情的同时，又受到忧虑的羁绊。总会有一种感觉被另一种感觉排挤出去，就是这简单的发现，让军队的心理治疗专家们在战时创造出了奇迹。

有些官兵由于战场上的恐怖经历而崩溃，这种情况被称为"心理精神衰弱症"。军队的医生都把"让他们保持忙碌"作为治疗这种疾病的方法，让这些精神受到打击的人们除了睡觉就是忙碌，每一分钟都有事可做，钓鱼、打猎、打球、摄影、养花或者跳舞等等，让他们根本没有时间去回忆那些可怕的经历。

在近代，出现了"工作疗法"这个新的名词，即心理医生主张用工作来治疗疾病。当然，这个方法并不算新，在耶稣诞生前500年，古希腊的医生就已经开始使用这种方法了。

富兰克林时代的费城教友会教徒也使用过类似的方法。1774年，有个人到教友会的疗养院去参观，当他看到那些精神病患者正聚集在一起忙着纺纱织布时，他大吃一惊。他以为教友会把这些可怜的人们当成了劳动苦力，而教友会的人向他解释说，他们发现那些精神病患者只有在忙于工作的时候，病情才会好转一些，工作能让他们的神经安定下来。

著名诗人亨利·朗费罗在失去年轻的妻子之后，也发现了这个道理。一天，他的妻子要把信封的火漆熔掉，于是点了一根蜡烛，没想到不小心烧到了自己的衣服，她大声叫起来，朗费罗听到后，赶快跑过去扑火，可是她最终还是因为烧伤死去。

很长一段时间里，朗费罗无法忘掉这件可怕的事情，他难过得几乎发了疯。幸好他还有3个年幼的孩子需要照顾，虽然他悲伤得要命，但还是得承担起既当爸爸又当妈妈的责任。他要带他们到外面散步，给他们讲故事，和他们一起做游戏；他还创作了体现父子感情的诗歌《孩子们的时光》，并翻译了但丁的《神曲》。所有这些工作加在一起，让他忙得顾不上伤心，也就重新得到了平静。就像亚瑟·哈兰去世时，他最好的朋友班尼生所说过的："我必须让自己不停地工作，否则我的生活一定充满了绝望和忧虑。"

对大多数人来讲，当我们忙于工作的时候，或许不会出现任何问题。可是下班后，当我们有了空闲时间，忧虑就会跑来骚扰我们了。此时，我们就会考虑很多的事情，我取得了什么成就，我的工作有没有走上轨道，老板今天说的那句话是不是另有所指，我是不是已经开始谢顶了等等。

我们在闲暇的时候，大脑往往会变成真空。学过物理学的人都知道，自然界中没有实际的真空状态。人们为保护灯丝，将灯泡里的空气抽空而成为理论上的真空状态，若将一个白热的电灯泡打破，空气马上就会侵入。

当你的大脑空出来，马上就会有东西补充进去。那会是什么呢？当然通常都是你的感觉。为什么呢？因为我们的思想控制着自己的各种情绪，例如忧虑、恐惧、憎恨、忌妒和羡慕等，这些情绪来势特别猛烈，会迅速将我们大脑中所有的思想和情绪都赶跑。

哥伦比亚师范学院教育系的教授詹姆斯·穆歇尔曾对此解释道："你最容易受到忧虑伤害的时候，不是在你开始一天工作的时候，而是在工作做完了之后。因为那时，你的思想会混乱起来，容易让你胡思乱想，你会把曾出现过的每一个小错误都加以夸大。这个时候，你的思想就像一部空载的车子，不顾一切地乱冲乱撞，甚至自己也会变成碎片。让你摆脱忧虑的最佳办法，就是不让自己闲暇下来，想方设法让自己做一些有用的事情。"

这个道理不是只有大学教授才知道。在二战时期，一次我从纽约到了密苏里农庄，当时，在餐车上我遇到了家住在芝加哥的一位家庭主妇。她对我说，她发现了"消除忧虑的好办法，就是让自己不停地干活，去做一些有用的事情"。

这位太太告诉我，她唯一的儿子，在珍珠港事件的第二天就加入了陆军。她当时整天都在担心儿子的安全，她的健康也严重受损。她天天在想，我的儿子在什么地方？他是否安全？是不是正在打仗？他是否会受伤或死亡？

我问她是怎样排除忧虑的。她回答说："我不让自己闲下来。"她的具体做法是：最初她辞退了家中的女佣，本想通过做家务事来让自己忙着，可是经过尝试感到没有多少用处。"原因是，我做起家务事来完全不需要思想，几乎是机械式的，如当我铺床和洗碟子的时候，还是一直担忧着。后来我发现，使我在一天里都能感到身心忙碌的只有新的工作才行，于是，我选择了一家大百货公司去做售货员。"

她对我说："这下好了，我好像掉进了大旋涡里在不停地转动，每天顾客挤在我的四周，不停地问我价钱、尺码、颜色等，整天忙碌着，几乎没有一秒钟的空闲。到了晚上，我也只是想，怎样才能让我那双疼痛的脚消除疲劳。每当吃完晚饭后，我马上就倒在床上睡着了，这样就使我既没有时间，也没有体力再去忧虑。"

正如约翰·考伯尔·波斯在他那本《忘记不快的艺术》里所说的："舒适的安全感，内在的宁静，因快乐而反应迟钝的感觉，诸如此类都能使人们在专注于工作时精神镇静。"这位家庭主妇所发现的与专家所说的不谋而合。

能够做到这一步是非常幸运的。世界最著名的女冒险家奥莎·强生，以她的亲身经历告诉我从忧虑与悲伤中解脱出来的办法。如果你读过她的自传《与冒险结缘》，你就会明白，如果真有哪个女人能跟冒险结缘的话，那肯定就是她了。

在奥莎 16 岁那一年马丁·强生娶了她，这位丈夫从堪萨斯州查那提镇的街上把她抱起来，走了很远的路，到了婆罗洲的原始森林里才放下她。时光走过 25 年，而这一对来自堪萨斯州的夫妇周游了全世界，在亚洲和非洲拍摄了很多有关濒危野生动物的影片。

9年前，他们回到美国，开始在国内做旅行演讲，并放映他们拍摄的电影。不幸的是，在他们搭飞机由丹佛城飞往西岸时，飞机撞了山，马丁·强生当场死亡。面对这场悲剧，医生们断言受重伤的奥莎永远不能再下床了。可是他们错了，他们对奥莎·强生的了解还不够深入。仅仅3个月后，她就坐着轮椅，在一大群人的面前发表演说。在那段时间里，她竟然坐着轮椅，做了100多次演讲。当我问她为什么要这样做时，她回答说："我这样做，就是让自己没有时间去悲伤和忧虑。"

比她早一个世纪的但尼生在诗句里表达了同样的想法："让自己沉浸在工作里，不要挣扎在绝望中。"

如果我们只是闲坐发愁，而不是忙着做事，就会产生一大堆烦恼，达尔文称之为"胡思乱想"，而这些"胡思乱想"就像传说中的妖魔，会使我们思想空虚，摧毁我们的动力和意志力。

让自己紧张忙碌起来，你的血液就会加快循环，思想就会敏锐。紧张忙碌是世界上最便宜的一种药，当然，也是最好的一种。

第七章　深水下的顿悟

人生在世，不过短短几十年，所以，不该为一些很容易就会遗忘的琐事发愁。

下面，罗勒·摩尔为我们讲述他富有戏剧性的故事：

1945 年 3 月，我开始了人生中最重要的一课。中南半岛附近 276 英尺深的海底就是我的课堂。当时，我们 88 个人都在"贝雅三一八号"潜水艇上。雷达发现一支日本舰队正朝我们这边开过来。我们决定在天快亮时将潜水艇升出水面向日军发动攻击。通过潜望镜我发现这支日本舰队包含有驱逐护航舰、油轮和布雷舰各一艘。我们向那艘驱逐护航舰发射了三枚鱼雷，遗憾的是都没有击中目标。显然，那艘驱逐舰还不知道自己的处境，依然继续航行。我们把攻击目标又锁定在最后面的那艘布雷舰上。突然，一架日本飞机飞来，它发现了 60 英尺水下的我们，将我们的位置通过无线电通知了那艘布雷舰。为避免被再次侦查到，我们被迫潜到 150 英尺深的地方，同时，准备应对敌舰投下的深水炸弹。所有的舱盖上都增加了几层栓子，为了保持绝对的静默以便顺利下潜，我们关闭了所有的电扇、整个冷却系统和所有的发电机。

3 分钟后，我们突然感觉像天崩地裂。6 枚深水炸弹在潜艇周围相继爆炸，把我们一直压向海底。大家都害怕了，因为在不到 100 英尺深的海水里受到攻击，是非常危险的——如果下潜深度达不到 500 英尺，只能听天由命了，而我们此刻就在不到 250 英尺深度的水里遭到了攻击——按照这样的安全距离推算，潜水艇现在的就处境就像一个人站在只及膝盖的水中。在长达 15 个小时的时间里，日本的布雷舰不停地投下深水炸弹。如果深水炸弹距潜水艇不足 17 英尺的话，就会在潜艇上炸出一个洞来。而就在离我们 50 英尺左右的地方，相继有 20 来个深水炸弹爆炸。我们静卧在床上，尽量保持镇静。因为恐惧，我几乎无法呼吸，心想"这回死定了"。电扇和冷却系统关闭后，潜水艇里的温度升到了华氏 100 多度，但我穿上了一件毛衣，又加上一件带皮领的夹克，还是恐惧得全身发抖，牙齿也不停地打战，冷汗一阵阵地往外冒。15 个小时后，攻击突然停止了。显然，日本的布雷舰把所有的深水炸弹都用完了。

这 15 个小时对我来说，仿佛就是 1500 万年。这段时间里，过去的生活又在我脑海中一一浮现。我想起了以前做过的所有坏事，还有一些很无稽的小事情。入伍前，我曾是一名银行职员，曾经为工作时间太长、薪水太少、没有多少机会升迁而发愁。我常常发愁没有钱买房子，没钱买新车子，没钱给太太买漂亮的衣服。我特别讨厌我以前的老板，因为他总找我的麻烦。记得每晚回到家时，我总是感觉又累又难过，常常为一点芝麻小事跟太太吵架。我也常为自己额头上的伤疤发愁。

　　过去的烦恼在炸弹声中变得渺小了。就在那时，我对自己说，如果还有机会重见天日，我永远不会再烦恼了。永远不会！永远不会！永远都不会！在潜艇那恐惧的 15 个小时里所学到的，比我在大学 4 年里所学到的东西还要多得多。

第八章　忘掉无谓的琐事

在生活遇到危机时，我们通常都能勇敢地面对，但有时，也会被这些危机搞得垂头丧气。比如，撒姆尔·白布西曾在日记里记述他看见哈里·维尼爵士在伦敦被砍头时的情形：维尼爵士登上断头台时，他没有向别人求饶，而要求刽子手不要砍中他脖子上有伤的地方。

拜德上将也有同感，在黑暗寒冷的极地之夜里，他发现部下虽然经得起大事儿，却常常为一些琐事闹别扭。面对危险而艰苦的工作，他们毫无怨言，能在零下80度的寒冷中顽强地工作。"可是，"拜德上将说，"我知道有不少人同住一室却彼此不讲话，因为他们认为对方乱放东西，占了属于自己的地方。我还知道，有一个人在吃饭时习惯细嚼慢咽，每口食物一定要嚼过28次才咽下去；另外一个人，却一定要躲到一个看不见这家伙的位子，才能吃饭。"

"在南极的营地里，"拜德上将说，"最训练有素的人也会被这类琐事逼疯。"进一步说，假如这类小事发生在家庭生活里，同样会把人逼疯，还会造成"人类世界一半的伤心事"。

有一位权威人士，他就是芝加哥的约瑟夫·沙巴士法官，曾仲裁过4万多件失败的婚姻案件。他说："婚姻之所以不幸福，通常都是因为一些琐事。"纽约州的地方检察官法兰克·荷根也说："我们的刑事案件里，有一多半都起因于一些琐事，比如在酒吧里争强好胜、为一些小事吵架、出言不逊、行为粗鲁——这些小事常常引发伤害和谋杀。真正天性残忍的人很少。一些犯大错的人，常是由于自尊心受到小小的伤害、屈辱，虚荣心不能被满足，这样就引发了世界上半数的伤心事。"

罗斯福夫人刚结婚的时候，常因她的新厨子做饭差而"每天忧虑"。"如果事情发生在今天，"罗斯福夫人说，"我就会耸耸肩膀把这事忘了。"多好，这才是一个成年人的正确做法，就连最专制的凯瑟琳女皇，在厨子把饭烧坏的时候，也只是一笑而过。

一次，芝加哥一个朋友请我们到他家吃饭。分菜的时候，有些小细节他没有做好。当时我并没有注意到，即使我注意到的话，也不会在意的。可是他的太太看见后，立刻当着我们的面跳起来指责他。"约翰，"她大声吼道，"看看你在干什么！难道你永远也学不会怎样分菜吗？"

接着她又对我们抱怨道："他总是在犯错，就是不肯用心。"也许他确实做得不够好，可我真的佩服他能够跟他太太相处20年之久。老实说，只要能吃得舒服，我情愿只吃两个抹上芥末的热狗，也不愿一面听她啰唆，一面吃烤鸭。

那件事情发生后，我和妻子也请了几位朋友到家里吃晚饭。快到用餐的时候，妻子突然发现有三条餐巾的颜色和桌布不相配。

"我着急地冲到厨房里，"她后来告诉我说，"结果发现另外三条餐巾已经送去洗了。此时，客人已经来到门口，我没有更换餐巾的时间了，我急得差点哭出来。可又一想，为什么要让这件事毁了晚餐聚会呢？我应该大大方方地去吃晚饭，尽情地享受一下，而我真的做到了。我宁可让朋友们把我看作一个比较懒的家庭主妇，也不能给他们留下坏脾气的印象。而且，我也注意到，根本就没人在意那些餐巾的问题。"

法律上有句名言，叫作"法律不管小事"。一个人如果希望求得内心的平静，就不值得为这些小事烦恼。

要想摆脱小事所引起的困扰，通常只要把视线转移一下就可以了——这样，你就有了一个新的、能使你开心的看法。我的朋友荷马·克罗伊是个高产作家，他为我们举了一个如何做到达观的好例子。过去，他在写作时，经常被纽约公寓热水灯的响声吵得心情烦躁。蒸气砰然作响，接着，又是一阵难听的声音——而他只能坐在书桌前生闷气。

"后来，"荷马·克罗伊说，"我和几个朋友外出露营，点燃的木柴烧得噼啪作响，我突然感觉这些声音很熟悉，就像热水灯的响声，为什么我会喜欢这个声音而讨厌那个声音？回家后，我对自己说：'木柴点燃时的爆裂声很好听，和热水灯的声音也差不多，我该安心大睡，不用理会它。'结果，我做到了——开始我还注意热水灯的声音，很快我就把它忘得一干二净了。"很多其他的小烦恼也一样，它们使我们整个人很颓丧，其实，那只不过是我们过分夸大了它们对我们的影响。

迪斯雷利说过："生命非常短暂，不要纠缠小事。"安德烈·摩瑞斯在《本周杂志》里说："这些话曾经帮我摆脱很多痛苦。我们常为一些琐事心烦……人生短暂，逝去就不能再来，为一些琐事烦恼不值得。我们应该做值得做的事情，去体验真情实感，去做必须做的事情。"

即使有名如吉布林，有时也会忘了"生命如此短暂，不要纠缠小事"。他和他太太的舅舅曾经大动干戈打了一场官司，这是维尔蒙有史以来最有名的一场官司。有一本书记述了此事，书名叫《吉布林在维尔蒙的领地》。

故事的经过是这样的：

吉布林娶了维尔蒙女孩凯格琳·巴里斯特，在维尔蒙的布拉陀布罗建造了一栋很漂亮的房子。他们在那里定居，准备度过余生。她的舅舅比提·巴里斯特成了吉布林最好的朋友，他们在一起工作和游戏。

吉布林从巴里斯特手里买了一块地，并约定巴里斯特可以每季在那块地上割草。一天，巴里斯特发现吉布林在那片草地上建了一个花园，他气得暴跳如雷并指责吉布林，吉布林理所当然地予以反击，弄得二人关系很紧张。

几天后，吉布林骑自行车出去玩，他的舅舅驾着一部马车突然从道路的另一边冲了过来，吉布林躲闪不及，摔下车子。这个曾经写过"众人皆醉我独醒"的人冲动起来，他将此事告上法庭，要求把巴里斯特抓起来。接着就是一场热闹的官司，小镇上挤满了来自大城市的记者，他们把这里的新闻传遍了全世界。这事闹得沸沸扬扬，使得吉布林夫妇不得不离开他们在美国的家。而这一切归根结底，只不过为了一片草地。

克里斯在 2400 年前说过："来吧，各位！小事把我们耽搁得太久了。"的确，我们就是这个样子。

下面是哈瑞·爱默生·傅斯狄克博士所讲述的故事，这是一个有关巨树抵抗攻击的故事：

在科罗拉多州的一个山坡上，一棵大树的残躯静静地躺着。自然学家告诉我们，这棵树有 400 多年的历史。哥伦布在美洲登陆时，它刚刚发芽，第一批移民到美国来的时候，它也才长了一半大。在它漫长的生命里，曾经被闪电击中过 14 次，400 多年来，无数的狂风暴雨侵袭过它，它没有倒下。但在最后，一群小甲虫的攻击竟使它倒下了。甲虫们从根部咬起，逐渐钻到里面，渐渐伤了树的元气。这个森林巨人，岁月不曾使它枯萎，闪电对它也奈何不得，狂风暴雨对它也无能为力，然而最终却在一群小甲虫的攻击下倒了下来。要知道，这些小甲虫，用手指就能将它们捏死。

我们难道不像森林中的那棵饱经风霜的大树吗？我们经得起生命中无数风雨和闪电的打击，但却被小甲虫咬噬而死，而它们只是微不足道的小麻烦。

第九章　奇妙的概率

如果我们对所谓的概率做一下研究，就可以发现意想不到的事情，比如，每5年就会发生一次像葛底斯堡战役那样悲惨的大仗。我知道了这一点，一定担心得要命，立刻跑去为我的人寿保险加保，我会赶快写好遗嘱，我会对自己说："我可能熬不过这次战争了，所以剩下的这些年一定要过得痛快点。"然而实际上，按照概率来讲，在通常情况下，每1000个人在50岁到55岁之间死亡的人数，和葛底斯堡战役16.3万士兵中每1000个人里阵亡的人数几乎一样。

有一年夏天，我在加拿大落基山区里弓湖的岸边碰见了何伯特·沙林吉夫妇。沙林吉太太非常平和、乐观，仿佛从来没有忧虑过，这给我留下了深刻的印象。晚上，我们坐在炉火前，我问她是否曾因忧虑而烦恼。她说：

　　烦恼？我的生活差点被烦恼毁了。在学会摆脱烦恼之前，我在苦难中生活了11个年头，那真是自作自受。

那时候我脾气很坏、很暴躁，情绪总是非常紧张。我每周都要从圣马提奥的家乘公共汽车到旧金山购物。即便购物时，我也愁得要命，我担心把电熨斗忘在熨衣板上了；担心房子失火了；担心我的女用人丢下孩子们自己跑了；担心孩子们骑着自行车出去，被汽车撞了。这些想法使我直冒冷汗，我赶紧冲出商店，搭上公共汽车回家，看看是不是一切都完好。我的第一次婚姻也因此没有维持下去。

我的第二任丈夫是一个律师，他是很平静的一个人，遇事总能加以分析，从未发过愁。每当看到我紧张焦虑时，他就会对我说："别慌，让我好好想想——你真正担心的到底是什么？我们看看概率，看看这种事情是不是有可能发生。"

举个例子吧，有一次，我们从新墨西哥州的阿布库基开车到卡世白洞窟去。在经过一条土路时我们碰到了一场可怕的暴风雨。

车子直打滑，我们无法控制。我担心会滑到路边的沟里去，可我先生平静地对我说："我现在开得很慢，不会出什么事的。即使车子滑到沟里，我们也不会受伤。"他的镇定和自信使我平静了下来。

一年夏天，我们到洛杉矶区托昆谷野营，营帐设在海拔 7000 英尺高的地方。晚上，暴风雨突然来临，猛烈地吹打我们的帐篷。帐篷在风雨里颤抖着，发出尖厉的声音。我当时想，帐篷会被吹到天上去的，这把我吓坏了。

我先生一再安慰我说："亲爱的，我们有好几个印第安向导，他们对这里的一切都一清二楚，他们在这些山地里已经工作60年了。多年来，这个营帐一直都在使用，至今还没有被吹走过，根据概率，今天晚上也不会被吹走。即使被吹走，我们也可以躲到另外一个营帐里去，所以不要紧张。"我心里踏实了，那后半夜我睡得很好。

小儿麻痹症曾在加利福尼亚州我们住的那一带流行。要是在过去，我肯定会惊慌失措。先生叫我保持镇定，我们尽可能采取一切预防措施：尽量不让孩子出入公共场所，暂时不去学校，不去看电影。和卫生署联系后得知，到目前为止，即使在最严重的一次小儿麻痹症流行时，整个加利福尼亚州也只有1835个孩子被感染。而平时，感染人数只在200~300人之间。这些数字听着还挺严重，可根据概率，一个孩子被感染的机会还是很少的。"根据平均概率，不会发生这种事情"，20年来，这句话使我摆脱了90%的忧虑，它使我感到了生活的美好和平静，这真是意想不到的。

我回想自己过去几十年的生活，发现自己大部分的忧虑都是从这里出现的。詹姆·格兰特告诉我，他也有类似的经验。他是纽约富兰克林市场格兰特批发公司的大商人，每次要从佛罗里达州买10~15车橘子。他说，以前总是被一些无聊的问题困扰，比如假如火车出事故怎么办？假如水果滚得满地都是怎么办？假如车子经过一座桥时，桥突然垮了怎么办？当然，这些水果都是有保险的，但他还是担心因水果没能按时送到而失掉市场，甚至因为过度忧虑而患上了胃溃疡。找医生检查后，医生对他说，他没有什么病，只是过于紧张了。"这时候我才明白，"他说，"我开始审视自己。我对自己说：'注意，詹姆·格兰特，这么多年来经你处理过的水果有多少车？'回答是：'大约2.5万多车。'我又问自己：'这么多车里出车祸的有多少？'答案是：'噢——大概是5部吧。'然后，我对自己说：'在总共2.5万部车子里，只有5部出事，你明白这表明什么吗？这说明比率是1/5000。'从概率看，按照你过去的经验估算，你车子出事的概率是1/5000，你还担心什么呢？

"接着我又对自己说：'格兰特，桥塌下来是有可能的。'我问自己，'以前你究竟有多少车是因为桥塌而损失了呢？'答案是：'一部也没有。'我又对自己说：'那你为了一座根本没有塌过的桥，为了1/5000的火车失事的机率而让自己愁得患了胃溃疡，这不是太傻了吗？'

"如此这般地审视这件事，我才发现自己以前太傻了。我于是立刻决定，今后就让概率来解决我的担忧。从那以后，我不再为'胃溃疡'烦恼了。"

埃尔·史密斯曾担任纽约州州长，那时，我经常听到他对攻击他的政敌说："让我们看看记录……让我们看看记录。"然后他会摆出很多事实。当你为某些事情忧虑时，不妨学一学这位聪明的老埃尔·史密斯，让我们看看过去的记录，看看我们这样忧虑是否有道理。当年佛莱德雷·马克斯塔特也有过这样的经历，那时他非常害怕自己要永远躺在坟墓里。他在纽约成人教育班上讲述了这样一个故事：

1944年6月初，我躺在奥马哈海滩附近的一个散兵坑里。当时我正在999信号连服役，我们刚刚抵达诺曼底。我观察了一下地上那个长方形的散兵坑，就对自己说："这看起来就像一座坟墓。"当我躺下准备睡在这里时，更觉得这里真像一座坟墓，我忍不住对自己说："也许，这就是我的坟墓。"晚上11点钟时，德军的轰炸机来了，炸弹纷纷落下，我吓得几乎不能动了。前3天我根本无法入睡，到第4天或第5天夜里，我的精神几近崩溃。我知道如果还不想办法的话，我会发疯的。所以我提醒自己："都过了5个夜晚了，我不是还活得好好的吗？而且我们这一组人都活得很好，只有两人受了轻伤。而他们也不是被德军炸弹炸伤的，而是被我们自己的高射炮弹片击中的。"我决定做些什么来摆脱自己的恐惧。我在散兵坑上搭了一个厚厚的木头屋顶，这样就可以保护自己不被碎弹片击中。我告诉自己："只有被炸弹直接击中，才可能死在这个又深、又窄的散兵坑里。"于是，我算出被直接击中的比率，恐怕还不到1/10000。两三夜后，我终于平静了下来，就连敌机来袭的时候，我也能安然入睡。

用概率统计的数字来鼓励士兵的士气是个好办法，美国海军就经常这样做。一位曾经在海军部队服役的人告诉我，一次，他和伙伴被派到一艘油轮上，当时的情形把他们都吓坏了，因为这艘油轮上装运的是高单位汽油，假如这条油轮被鱼雷击中……

应对这样的情况美国海军自有办法，上级将一些准确的统计数字公布出来，指出在被鱼雷击中的100艘油轮里，有的并没有沉到海底，而真正沉下去的40艘里，只有5艘是在5分钟内沉没的。这样看来，你就有足够的时间跳下船，也就是说，在船上的死亡机率非常小。这样讲对士气有没有影响呢？"知道了这些平均数字后，我的顾虑就不存在了。"住在明尼苏达州保罗市的克莱德·马斯，也就是这个故事的讲述者，他说："船上的人都情绪好转，我们知道谁都有机会，根据平均数字，我们还不至于死在这里。"

要赶在忧虑摧毁你之前，先改掉忧虑的毛病。我要告诉你的是："让我们看看过去的记录，根据概率问问自己，我现在所担心的事情，可能发生的几率有多大？"要接受不可避免的现实，平静地承受现实，如同杨柳承受风雨，水适应所有的容器，对现实的一切，我们也要勇于承受。

第十章　像水一样适应一切容器

小时候，有一次我和几个小伙伴在密苏里州一间破旧的老木屋的阁楼里玩耍，我从阁楼爬下来时，站在窗栏处往下跳，下落的过程中，我左手食指上的戒指被一枚钉子挂住，左手食指被扯断了。

我吓坏了，疼得大声尖叫，以为自己会因此而死掉。然而很快我就忘记了这件事，从那以后，我就再也没有为此担心过。担心又能怎样呢？我接受了这个事实。

而今，我几乎想不起来我的左手只有四个手指。几年前，我在纽约市中心的一座办公大楼里我遇见一个管理运货电梯的人，我看到他齐腕断掉的左手，便问他会不会因此觉得不舒服，他说："噢，不会的，因为我通常不会想到它，只有在需要缝衣服的时候才会想起来。"

我时常会回忆起刻在荷兰首都阿姆斯特丹的一座 15 世纪老教堂的废墟上的一句话："事情如此，就不会是其他。"

在我们漫长的人生中，一定会遇到一些不愉快的事情，它们已经如此，就不会是其他样子。我们同样可以做出选择，把它们当作一种无法避免的情况，接受并且适应它，要不然，忧虑就会毁了我们的人生，最终把我们弄得精神崩溃。

以下是我最崇敬的哲学家威廉·詹姆斯的忠告："要心甘情愿地接受事实，这样才是克服所有不幸遭遇的第一步。"

住在俄勒冈州波特南的伊丽莎白·康黎在经历过很多困难之后才明白这一点。下面这封信是她最近写给我的，信上这样写道：

> 在美国庆祝陆军在北非取得胜利的那天，我接到了一封来自国防部的电报，我最亲爱的侄子失踪在了战场上。没过多久，我又收到一封电报，上面说，他已经牺牲了。我悲伤极了。这件事发生之前，我的生活一直都很美好，有一份满意的工作，侄子也是我尽心带大的。我能够在他身上看到年轻人的所有美好的东西。我觉得我的一切努力都有了回报。然而现在，这封电报却毁了我的世界，我觉得没有必要再活下去了。我开始对生活中的一切充满冷漠和怨恨。为什么我心爱的侄子会死掉？为什么这个优秀的孩子还没有开始他真正的人生，就倒在了战场上？我没有办法接受现实。过度的悲伤让我决定放弃工作，远离家乡，将自己埋葬在泪水和悲伤中。
>
> 当我收拾我办公桌上的东西，准备去辞职的时候，突然发现了一封已经被我遗忘了的信，这封信是我母亲去世时，我侄子寄给我的。信上说："我们当然都会非常想念她的，尤其是你。但是我知道你一定能够挺过去的，

以你的乐观，一定可以支撑下去。你教给我的那些生活的真理，我永远都不会忘记，不管走到哪里，不管我们之间的距离有多遥远，我都会记得你给我带来的快乐，要像男子汉一样坚强地面对所有事情。"

那封信我反复读了好几遍，感觉这些话好像就是他站在我身边对我说的，他似乎在说："为什么不按照你曾经教给我的道理去做呢？不管发生什么，都要挺过去，把悲伤藏在笑容里，坚强地生活下去。"

于是，我重新开始了我的工作，不再对人冷漠无情。我一遍一遍地对自己说："事已至此，我无法改变，然而我能够像他期盼的那样努力生活下去。"我把所有注意力都集中在工作上，写信慰问前线的士兵——那些别人的儿子；晚上到成人教育班去学习，找到新的乐趣，认识新的朋友。我几乎无法相信自己会发生这样的转变，我已经不再为过去的事情悲伤了，现在的每一天都是快乐的，就像我的侄子希望的那样。

我们所有人迟早都要学到的事情，伊丽莎白·康黎学到了，这就是我们必须承受那些不可避免的现实。做到这一点很不容易，就连那些在位的皇帝，也常常这样提醒自己。已故的乔治五世在白金汉宫的墙上刻下了这样几句话："不要为月亮哭泣，也不要为什么事而后悔。"叔本华也有同感，他说："在踏上人生旅途时，你要做的最重要的一件事就是顺从。"

显然，决定我们快乐与否的并不是环境本身，而是我们对周围环境的反应。

我们在必要的时候都能够忍受甚至战胜灾难和悲剧，也许我们曾以为自己无法办到，但其实我们潜在的力量是很惊人的，只要我们能够利用得好，就能够克服所有困难。

已故的布斯·塔金顿生前经常说："除了失明，我可以接受人生中的任何事情，我永远都无法忍受自己变成一个瞎子。"

然而，在他60多岁的一天，他发觉自己看不清楚地毯的颜色和花纹了，他去看眼科专家，得到了不幸的消息——他的视力正在逐渐减弱，一只眼睛几乎已经失明了，另一只也很快就会完全失明。他最无法忍受的事情，终究还是发生在了他的身上。

面对这种"最难以忍受的事情"，塔金顿的反应如何呢？他是不是觉得人生没有希望了呢？不，连他自己都没想到自己还能够保持愉快。一开始，那些黑色的阴影让他很不舒服，它们时而在他眼前浮现，让他看不清东西，然而后来，当最大的阴影出现时，他却调侃着说："嘿，阴影老爷又来了，今天这么好的天气，不知道它要去哪里。"

当塔金顿完全看不见的时候，他说："我发觉我对视力丧失的承受，就如同别人对其他事情的承受能力一样。如果我全部丧失了5种感官，我依然可以在思想里生活，因为不管我是否能够体会到，我都只有在思想里才能够看和生活。"

为了恢复视力，塔金顿在一年之内接受了12次手术，他知道自己必须面对这些。只有爽快地接受现实，才是缓解痛苦的唯一方法。他拒绝住在私人病房里，而是和其他病人一起住在大病房里，并且试着让所有人都开心，每当要做手术的时候，他都会想着自己是多么的幸运。"太好了，"他说，"这是多么美好的事情啊，如今的科学都这么发达了，连眼睛里那么细小的东西都能够动手术了。"

12 次以上的手术和暗无天日的生活，换作一般人，恐怕早就患上精神疾病了。然而塔金顿却说："就算用这样的经历去换一些更快乐的事，我也不会愿意的。"通过这件事儿，他学会了接受现实，他知道生命带给他的一切，没有什么是无法支撑下去的。他也从中感受到了富尔顿说过的那句话："失明并不可怕，可怕的是你无法忍受失明。"

无论是退缩，还是反抗，还是为它难过，我们都无法改变现状，但我们可以改变自己。我知道这个道理，因为我有过亲身的体验。一次，一件不可避免的事情摆在眼前，我拒绝接受它，我的做法很傻，结果导致了我好几夜的失眠，我万分痛苦。所有不愿意想的事情都不由自主地想起。就这样，经过一年的自我虐待，我终于接受了事实，而且是我早就知道的根本就无法改变的事实。

第二篇

培养快乐的心理

第一章　永远不要被打垮

很多年以来，我一直都能随口吟出惠特曼的诗句：

　　一定要像树木和动物那样，
　　独自去面对黑暗和风雨，
　　去面对饥饿与意外和挫折。

我曾经放了 12 年的牛，但是从没见过哪头母牛会因为草地干枯、天气寒冷或是公牛追求，其他母牛对它大发脾气。动物们总是能够平静地面对一切，夜晚、寒冷，或是饥饿。它们从来都不会精神崩溃或是患上胃溃疡。

难道我们在困难面前要低声下气吗？不，只有宿命论者才会那样。不管发生什么事情，只要还有挽救的机会，我们就要努力。然而，当常识表明事情已经不会再有转机的时候，我们要保持冷静，不要再自找麻烦。

已故的哥伦比亚大学校长郝基斯生前曾告诉我，他有一首自己写的打油诗，他将它当作座右铭：

> 人间疾病多，数也数不清。
> 有的可以治，有的救不好。
> 如果还有救，就该把药找。
> 要是没法治，干脆就忘掉。

为了写作这本书，我曾访问过许多有名的英国商人，至今仍印象深刻的是，他们中的大多数人都能面对现实，接受那些不可避免的事实，因而他们的生活无忧无虑。如果相反的话，他们就会因为承受不了过大的压力而垮掉。下面就是几个很好的例子：

全国连锁的潘氏商店的创立者潘尼对我说："就算我赔光了全部的钱，我也不会为此忧虑，因为忧虑无法改变什么，我能够做的就是尽力做好工作，而结果就要看上帝的安排了。"

亨利·福特也说过："如果遇到的事情我以自己的能力无法解决，那么我就让它们自己解决。"当我向克莱斯勒公司的总经理凯勒先生询问避免忧虑的方法时，他的回答是："遇到棘手的问题时，如果能想到解决方法，我就去解决；如果想不到，那就干脆忘记这回事。我从不担心将来的事情，因为谁都不知道以后会发生什么，所以没有必要担心。"他的意思和19世纪以前的罗马哲学家依匹托塔士的话很相似："不要为无法做到的事情忧虑。"

莎拉·伯恩哈特算得上是最勇敢的女人了。50年以来，她一直都是四大州剧院里最受观众喜爱的一位女演员。但很不幸，在71岁时，她破产了。更不幸的是她乘船横渡大西洋时，突然遇到了暴风雨，她摔在了甲板上，腿伤十分严重，得了静脉炎、腿痉挛。医生告诉她，她的双腿必须被锯掉。伯恩哈特沉默一阵之后，平静地说："如果必须这样做，那就只好这样了。"

在她要被推进手术室的时候，她的儿子拉着她的手哭了。她摆了摆手，语气轻松地说："不要离开，我很快就回来了。"

在去手术室的路上，她嘴里一直念着她曾经演出过的一句台词。有人问她是不是为了缓解压力才这么做的，她说："不是，我只不过是想让医生和护士们放松一下，他们才是承受最大压力的人。"

恢复健康后的莎拉·伯恩哈特继续环游世界，这使得她的观众又疯狂迷恋了她 7 年。

"对那些不可避免的事实，只要我们不再反抗，"索尔西·麦可密克在《读者文摘》的一篇文章里这样说，"我们就能有精力去创造更丰富多彩的生活。"

人不可能有足够的感情和精力既抗拒无法避免的现实，又创造新生活。只能在两者之间选一个，要么低下头，要么战胜它。

在位于密苏里州的农场里，我种植了很多树，它们长得很快。后来，一场暴风雪将全部树枝都压上了厚厚的一曾冰雪，然而枝条并没有在重压下弯下去，而是坚强挺立着，最终被折断，失去生机。它们没有北方的树木那样聪明，我去过加拿大很多次，那里有绵延几百英里的常青森林，它们知道怎样弯下枝条，适应重压，所以，我从来没有在那里发现有哪棵柏树或松树被冰雪压断。

日本的柔道老师教导学生们时常说："要像柳条那样柔韧，不要像橡树那样坚挺。"

为什么汽车轮胎能够承受颠簸，长时间在路上奔跑呢？一开始，汽车制造商想制造出能够抵抗路面冲击的轮胎，结果却造成了轮胎的破裂。他们换了一个角度，制造出一种能够承受路面冲击的轮胎，这样的轮胎才是耐压耐用的。我们的人生也是如此，如果我们能够顺应人生路上所有的冲击和颠簸，我们就能够更长远更自如地走过人生的旅程。

面对人生冲击，如果我们不去顺应而是抗拒，退缩到自己幻想的世界里，那会产生什么样的后果呢？答案很简单，我们只会被搞得心力交瘁，变得忧虑、紧张、烦躁，甚至走向崩溃。

战争时期，恐惧的士兵们只有两条路可走：或者接受那些无法避免的现实，或者在压力下崩溃。下面这个故事，是威廉·卡赛留斯在纽约成人教育班上讲的：

加入海岸防卫队后不久，我就被派到大西洋码头做管理炸药库的工作。以前，我不过是不卖饼干的杂货店店员，而今却成了管理炸药的人，一想到要站在上万吨炸药上面，我就觉得神经都僵住了。我接受了两天的训练，学到了让我内心更加恐惧的东西，第一次执行任务的情景，我永远也不会忘记。

那天又黑又冷又有雾，我奉命到新泽西州的卡文角露码头，负责船上第五号舱的装卸工作，和我一起工作的5个码头工人虽然身体强壮，但对炸药一无所知。他们把重2000至4000磅的炸弹装卸到船上，每个炸弹都能够把那只旧船炸得粉碎。炸弹被我们用两条铁索吊在船上，如果万一有一条铁索滑了或是断了，后果不堪设想，我恐惧到了极点，全身打战，嘴里发干，脚下软软的，我能清楚地听见自己的心跳声。可是，我不能就这样跑开，因为这样就算是逃亡了，不但是我，连我的父母也会因此丢脸。而且我也有可能会因为当逃兵而被枪毙。我不能逃跑，只能留在这里。我看着那些工人漫不经心地把炸弹搬来搬去，心里想着随时可能会死掉。就这样过了一个小时，我开始用常识劝自己："听着，你就算被炸死了又能怎样？反正也不会有感觉了，而且这样死倒是很痛快，比得癌症好多了。别做傻瓜，你不可能一直活着，这些工作是逃避不了的，所以还不如干得轻松一些。"

就这样，我劝了自己几个小时，然后觉得放松了些，最终克服了忧虑和恐惧，接受了现实。

我永远也无法忘记这段经历。而今，每当一些不可避免的事情让我忧虑的时候，我就摇摇头说："忘掉吧。"

"轻松地去承受必定会出现的事情。"这句话虽然产生于耶稣基督出生前 399 年，但今天的人比古人更需要这样的真理。

第二章　挫折是人生的必修课

　　生活得是否快乐，完全取决于人对世间的看法，思想造就生活。

　　几年前，我参加一个广播节目，他们问我："你曾经学过的最重要的一课是什么？"

　　这很容易，对于我来说，最重要的一课是认识到思想的重要性。如果想知道你是怎样的一个人，只需要知道你在想些什么。思想塑造出了每个人的特性。我们的心态决定我们的命运。

　　现在，我清楚地知道我们必须要面对的最重要的问题，就是怎样选择正确的思想。如果我们能够选择正确的思想，所有问题都可以迎刃而解。曾经统治罗马帝国的伟大哲学家马尔卡斯·阿里留斯总结出一句能够改变你命运的话："思想决定生活。"

　　如果我们总是想悲伤的事情，那么我们就会悲伤；如果我们总是想着可怕的事情，我们就会恐惧；如果我们总是有不好的念头，我们就无法安心；如果我们总是担心失败，那么我们就会失败；如果我们总是自怜，那么所有人最终都会避开我们。

　　那么，我们是不是要以乐天的态度去面对所有困难呢？不，生活是很复杂的。但是我希望大家都要用积极而不是消极的态度面对生活。也就是说，我们对于自己的问题必须重视，但不是忧虑。重视和忧虑有什么区别呢？我说得再清楚一些，每当我在拥挤的纽约街道间穿行的时候，我都会对眼下的这件事很重视，但我并不会忧虑。关心问题就是要找到问题，然后再找方法去解决，忧虑只能让人发疯一般地在原地打转。

每个人都可以关心一些严重问题，但同时也要买一朵鲜花插在衣襟上，抬头挺胸在街上行走。我曾经见到罗维尔·汤马斯这样做。有一次，我协助他主演一部关于艾伦贝和劳伦斯在第一次世界大战中出征的著名影片，他那个穿插在电影中的名为"巴勒斯坦的艾伦贝与阿拉伯的劳伦斯"的演讲，引起全世界的轰动。

在伦敦取得成功之后，他到很多国家成功地进行了巡讲。然后，他又打算用两年时间拍一部记录印度和阿富汗生活的影片。然而，一系列艰辛过后，他竟然破产了。那个时候，我刚好和他在一起，我们不得不到街头的小饭店吃便宜的饭。如果不是一个朋友借了一些钱给汤马斯，他连最便宜的饭都吃不起了。

这个时候，罗维尔·汤马斯虽然很重视自己的处境，但是并不忧虑。他明白，如果他被困难击倒，在人们眼里，他就没有一点价值了。所以，每天早上出门办事之前，他都要买一朵鲜花插在衣襟上，然后抬着头走上大街。对他来讲，挫折只是人生中的一个过程，是登上高峰的必经之路。

我们的精神状态对自己的身体和能力有令人难以置信的影响力。英国著名的心理学家哈德菲著有《力量心理学》一书，虽然它只有54页，却影响深远，在这本书里他对人们的精神状态做了令人震惊的说明。"我请来3个人，"他写道，"做生理受心理影响的实验。我们以握力计来度量，让 3 个人在 3 种不同的情况下，用力抓紧握力计。

"通常在清醒状态下，他们的平均握力是 101 磅。第二次实验时要将他们催眠，并告诉他们，他们非常的虚弱。经实验，他们的握力只有 29 磅，还不到正常力量的 1/3。然后进行第 3 次实验。在催眠后，我不断暗示他们的身体非常健壮。他们的握力居然平均达到了 142 磅，几乎增加了 50%。"

这就是让人难以置信的精神力量。为了证明思想的魔力，我要告诉你一件最奇特的故事，它发生在美国内战期间。

这个故事够写一部大书了，不过让我们长话短说。

众所周知，基督教信心疗法的创始人是玛丽·贝克·艾迪。她有过痛苦的过去，那时在她看来，生命中只有疾病、愁苦和不幸。第一任丈夫在婚后不久就去世了，第二任丈夫与一位已婚妇人私奔了，弃她而去，后来她才得知，他死在贫民收容所里。她由于贫病交加，仅有的一个儿子在 4 岁时被送给了别人。在以后长达 31 年的时间里，她都不知道儿子的下落。

玛丽·贝克·艾迪的身体健康状况不好，但是她一直对所谓的"信心治疗法"极感兴趣。她的生命中发生戏剧化性变化的转折点就是在麻省理安市发生的一件事。在一个寒冷的日子里，她在这座城里的一条街上正走着，突然被一样东西绊倒，她摔倒在结冰的路面上，昏了过去。当她被送到医院时，医生发现她脊椎受到了严重的伤害，并且她还在不停地痉挛，医生断言她活不了多久。即使出现奇迹，她也绝对无法再行走了。

艾迪躺在好似送终的一张床上打开一本书，她看到了书里有这样的句子："一个瘫子被别人用担架抬着来到了耶稣的跟前，耶稣对瘫子说：'小子，起来，拿着你的褥子回家去吧。放心吧，你的罪赦了。'那人就站起来，回家去了。"

她看完耶稣的这几句话，在心中产生了一种力量和信仰，那种力量使她"立刻下了床，开始行走"。

艾迪太太所经历的这些，她形象地描述说："就像那个苹果能够引发牛顿的灵感一样，我明白了自己好起来的原因后，同样也能够帮助别人做到这一点。我可以自信地说，一切都在于你的思想，而它能够影响一切。"

也许你会说："这个人只不过是在为基督教信心疗法做宣传。"你错了，我并非是这个教派的信徒。然而我活的时间越长，就越相信思想产生的力量。在从事了35年的成人教育后，我了解到了无论男人还是女人，都有消除忧虑、恐惧以及多种疾病的能力，想要改变生活，只需要改变自己的想法。

可以通过这样一个例证，说明令人难以置信的转变，由此可以证明思想的力量。我有一个学生，他的精神曾经崩溃，起因就是忧虑。他告诉我：

我对任何事都发愁：我太瘦了；我感觉我在脱发；

我怕永远不能娶妻，因为我没办法赚够钱；我认为自己永远做不成一个好父亲；我怕失去我喜欢的那个女孩子；我觉得现在的日子过得不好；我很担心给别人留下不好的印象……我很担忧，觉得自己得了胃溃疡，无法再工作下去。辞职后，我心里更加紧张，像一个锅炉丢了安全阀——压力终于到了我无法忍受的地步，结果出事了。

　　我精神崩溃的严重程度，甚至到了无法与家人交谈的地步。我无法控制自己的思想，内心充满恐惧，只要听到一点声音，我都会跳起来。我不见任何人，经常无缘无故地痛哭。我每天生活在痛苦中，觉得自己被所有的人抛弃了，甚至也被上帝抛弃了，我真想跳进河里结束一切。后来我到佛罗里达州旅行，希望换个环境对我有点帮助。上火车后，父亲交给我一封信，他嘱咐我，等到了佛罗里达之后再打开看。到佛罗里达时正值旅游旺季，旅馆里订不到房间，我就在一家汽车旅馆里租了个房间住下来。我想在迈阿密一艘不定期出航的货船上找份工作，但没成功，于是我把时间都消磨在海滩上。没想到，在佛罗里达的日子比在家更难过。这时我拆开那封信，打算看看父亲到底写了些什么。信上这样写道："儿子，虽然你现在离家1500英里，但你并未感到和家里有什么不同，对吗？我相信你不会觉得有什么不一样，原因就在于你还带着你所有烦恼的根源——也就是你自己。你的身体和精神，都没有任何毛病。因为并不是环境伤害了你，相反是因为你对各种情况的想象。总之，一个人心里怎么想，就会变成什么样。了解到这点，儿子，那就回家吧，因为那样你很快就能好起来。"看了父亲的信，我非常生气，我需要同情，而不是训斥。我气得想永远不回家了。那天晚上，我在迈阿密的一条小街上走，看到一个正在举行礼拜的教堂，因为没有别的地方可去，我就进去听讲道，讲题是《能征服精神者，胜过攻城略地》。我坐在殿堂里，听到了这些与我父亲平日对我所说的同样话语。我这才开始有理智地去思考，才发现自己实际上是个傻瓜。想明白自己，真正认清楚自己，实在是令我震惊，我常常幻想着去改变世界和所有的人——而真正需要改变的只有我自己，这就是我大脑中镜头的焦点。

第二天清早，我就启程回家了，一周后，我又回去干我老本行。4个月以后，我娶了那个女孩，过去我一直怕失去她。现在，我们家庭非常快乐，有了5个子女，在物质和精神方面，上帝都很善待我。我过去是一个部门的小工头，手下只有18人，如今我是一家纸箱厂的厂长，管着450多名员工。现在我的生活比以前更加充实，我也更加友善。我深信，现在的我能了解生命真正的价值了。当我再感到不安的时候，我就会对自己说，只要把大脑中的摄影机的焦距调好，一切就都好了。

我坦诚地说，我十分感谢曾经有过那次精神崩溃的经验。因为这个经验才使我发现，思想对身心的控制力有多么神奇，从那时起，才使我学会了让我的思想为我所用，不会有损于我。我现在才明白父亲是对的。是我对各种情况的看法导致了我的身心痛苦，而不是外在的情况。当我看透了这一点，我的身体就完全好了，而且不会再因焦虑生病。

第三章　制订一个快乐计划

我深信内心的平静和生活所赋予我们的快乐，并不在于我们在哪里，我们拥有什么，或者我们是什么人，而只在于我们的心态怎样，与外界的关系怎样。

200 年前，弥尔顿在失明后，也发现了同样的真理："思想的运用和思想本身既能将地狱变成天堂，也能把天堂变成地狱。"

拿破仑和海伦·凯勒是这句话最好的例证。拿破仑拥有荣耀、权力、财富，这是一般人所追求的一切。可是他却对圣海莲娜说："我这一生没有一天是快乐的。"而又盲又聋又哑的海伦·凯勒却表示："我发现生命是如此美好。"

在半个世纪的生活中，我学到的最重要的东西，就是"除了你自己，谁也不会带给你平静"。爱默生在他那篇叫作《自信》的散文里说过这样的结语，在这里我想再重复一次："在政治上获胜、收入增加、病体康复、与好友久别重逢，或是其他纯粹外在的事物，这些都能使你兴致高昂，让你觉得生活中的好日子很多，但不要相信它，事情绝不会是这样的。除了你自己，没有别的能带给你平静。"

依匹克特修斯，这位伟大的斯多噶派哲学家，曾在 19 个世纪之前警告我们说，我们应该尽力消除思想中的错误想法，这比割除"身体上的肿瘤和脓疮"还重要。他的这句话，在现代医学中能找到理论上的依据。坎贝·罗宾博士说，约翰·霍普金斯医院有 80% 的病人的疾病都是由于情绪紧张和精神压力所致，甚至有些生理器官的病例也是如此。他宣布说："归根结底，在生活和工作中遇到的各种问题无法协调，是出现这种现状的根源。"

法国伟大的哲学家蒙田，他的座右铭是这样的："一个人因外界事物所受到的伤害，比不上他对事物的态度带来的伤害深。"而我们对外界一切事物的看法，完全取决于自己的感受。

当我们被各种各样的烦恼困扰时，整个人的精神是十分紧张的，我可以大胆地对你说，要凭借自己的意志力，去改变自己的心境。我还要提示你如何做到这一点。这可能要花一点力气，但秘诀很简单。

实用心理学的权威威廉·詹姆斯曾发表这样的理论："行动好像是随着感觉而来，但事实上，行动和感觉是同时发生的。假如我们意志力控制下的行动规律化，这就能间接地使不在意志力控制下的感觉规律化。"

也可以这样理解，威廉·詹姆斯告诉我们，我们不可能只凭"下定决心"来改变我们的情感，但我们可以改变自己的行为方式，而当我们的行为方式改变的时候，我们的感觉也就会自然而然地改变了。

"于是，"他解释说，"当你不快乐时，唯一能使你快乐的方法，就是振奋精神。"

这种办法是否有用呢？你试试看。让你的脸上露出开心的笑容，先深呼吸一下，再挺起胸膛，然后唱一小段歌，若不会唱，就吹口哨或哼一段歌。你的行为能够显出你快乐的时候，你也就不再忧虑和颓丧了，此时你就能体会到威廉·詹姆斯所说的话的意思了。

在生活中找到快乐，会使我们的言行出现奇迹，乃是大自然的基本真理之一。我认识一位女士，她住在加利福尼亚州，倘若她懂得这个真理的话，就能够在一天之内把自己所有的哀愁完全排除。她是位年老的寡妇，她为此感到很悲伤，在我看来，她没有尝试过让自己快乐的方法。她虽然在嘴上总是说："呵，我还好。"但从她脸上的表情和声音里的语调里可以感觉到，她的内心总是在说："天啊，要是你遇到我所经历的烦恼，你就能理解我了。"好像天底下所有女人的情况都不如她糟糕。她的丈夫留下一笔保险金，足够她维持生活的，她的子女都已成家，有能力奉养她，但很少见到她笑。她一直抱怨她的 3 个女婿既自私又差劲儿，虽然她经常到她的女儿家里去居住，有时一待就是好几个月，但是她仍抱怨她的女儿不给她买礼物。这位老妇人对她自己的钱看管得非常紧，她总是"替未来打算"。她让自己成了一个讨厌的家伙，这一点对她和她的家人都是不幸的。实际上，她能够改变自己的状态，从一个愁苦、挑剔、不快乐的怨妇成为让家人尊敬和喜爱的老人。这主要取决于她自己的意愿。首先她要迫切要求有这种转变；其次，她每天只要高兴地活着；第三就是将自己的一点点爱给予别人，而不是只专注于自己的不快和不幸。

我认识一位名叫英格莱特的人。他发现了这个快乐的真理。在 10 年前，英格莱特患上了猩红热，他康复以后，又得了肾脏病。他四处求医，甚至去找密医，都没有治好他的病。

后来，他又并发高血压。医生面对他已到 214mmHg 的血压高点，宣布已经没有办法救治了，让他回去马上料理后事。

他告诉我说：

我回到家里，首先清查一下我所有的保险金是否都已经付过了，然后向上帝忏悔我以前所犯过的各种过错，最后我非常难过地坐下来默默思考。我的所作所为令家人非常难过，我自己也很是颓丧。然而，一周的自怨自艾之后，我警告自己："你真是个傻瓜。一年之内你可能都不会死掉，那么，就这个样子生活吗？既然还活着，何不快快乐乐生活呢？"

我开始挺起胸膛，脸上常挂着微笑，尝试让自己表现出若无其事的样子。我不得不承认我那样做是相当费力的，我只能强迫自己做出一副开心的神态，我清楚这样做不仅有助于我的家人，对我自己也有很大的帮助。

一段时间以后，我开始感觉自己的情况出现了变化，觉得自己好多了，如同我装出的一样好。这种改进在不断地继续下去，如今的我不仅很快乐、很健康，活得好好的，而且血压也降下来了。如果不这样做，我早已经躺在坟墓里几个月了。可以肯定地说：假如我从那时起总是去想会死、会垮掉的话，那位医生的预言就会实现。

然而，我给了自己的身体一个恢复的机会，改变了我的心情，才有今天的我，别的都是没有用的。

让自己的每一天都过得开心、充满信心和勇气，用健康的思想拯救一个人的生命，那么我们还会为那些小小的失意和颓丧而难过吗？只要自己是乐观的，就能够创造出快乐来，所以何必让自己和身边的人难过呢？

多年以前，有一本名叫《人的思想》的小书对我的生活影响很大。作者是詹姆斯·艾伦，书里有这样一段话：

人们常会发现，当他对事物和其他人改变看法时，事物和其他的人对他来说就会同时发生变化……如果一个人把他的思想引向光明，他将会惊讶地发现，他的生活发生了很大的改变。人不能吸引自己所要的，却可能吸引自己所有的……我们的内心深处，存在着气质变化的可能性，这就是我们自己……一个人能得到什么，这直接来自他们自己的思想……有了奋发向上的心态，一个人才能兴奋、拼搏，才能有所成就。不打算改变自己的思想，就只有永远地衰弱和愁苦。

有人说，上帝让人类来主宰整个世界，这真是一份大礼，可我对这种特权并无兴致。我希望的是，能控制自己，控制自己的恐惧感，控制自己的精神世界。就这点来说，我的成绩是惊人的。无论何时，我总在想，只要能控制住自己的行为，就能控制住自己的反应。将恐惧演化成奋斗，就能将内心的邪念变为自身的福祉。

让我们一起为快乐努力吧，让我们拟定一个计划，让它每天都能产生快乐。我们将这个计划命名为"为了今天"。这是已故的西贝尔·派屈吉36年前所写的，如果我们能够照着他说的方法去做，我们将消除大部分的烦恼，大量地增加"生活的快乐"。我觉得这个计划的效果将是显著的，于是便复印了几千份送给别人。

为了今天

1.为了今天，我要非常快乐。林肯说："大部分的人只要下定决心都能非常快乐。"如果这句话是正确的，那么快乐就应该存在于内心，而不是向外界索取。

2.为了今天，我应该去适应一切，而不试图用调整外界来适应我的欲望。我要抱定这种态度来接受我的家庭、事业和运气。

3.为了今天，我要爱护自己的身体。我要多运动，爱护并珍惜它，不伤害和忽视它，让它成为我取胜的好基础。

4.为了今天，我要完善自己的思想。要学以致用，绝不胡思乱想。要看这样一些书，它们使你能更集中精神思考。

5.为了今天，我要从三个方面来锻炼自己的灵魂：为别人做件好事儿，但不要告诉人家；再做两件自己并不想做的事，而这样做的目的，就像威廉·詹姆斯所说的，只是为了锻炼。

6.为了今天，我要努力讨人喜欢，尽量修饰外表，衣着尽量得体，说话轻柔，举止优雅，对别人的毁誉毫不在意。对任何事都不计较，不干涉或教训别人。

7.为了今天，我要尝试只考虑今天的过法，而不将一生的问题一次性解决。因为，尽管我能连续12个小时做某件事，但假设终生如此，我将非常恐惧。

8.为了今天，我要制订一个计划。安排好每个钟点该做的事情。也许我不会完全照计划做，但制订计划还是必要的，这样做至少可以纠正两种缺点——过分仓促和犹豫不决。

9.为了今天，我要留下半个小时，让自己安静、轻松一下。在这半个小时里，神会使我的生命更加充满希望。

10.为了今天，我要心无畏惧，追求快乐，要去欣赏一切美的事物、去爱，并且相信我爱的那些人，他们会同样爱我。

第四章　怨恨使生活犹如地狱

许多年前的一个晚上，我旅行经过黄石公园。一位森林管理员骑在马上，和我们这些游客兴致勃勃地谈起熊的事情。他告诉我们，有一种大灰熊几乎能将所有的动物击倒，除了水牛和另一种黑熊。但那天晚上，我却注意到一只小动物，也只有这么一只，那只大灰熊不但让它从森林里出来，还和它在灯光下一起进食。那是一只臭鼬！大灰熊当然知道，它的巨掌可以把这只臭鼬一掌拍扁，可它为什么不那样做呢？因为经验告诉它，那样做很不划算。

这个道理我也明白。我小时候，曾在密苏里的农庄抓过四只脚的臭鼬；长大以后，在纽约的街道上我也曾遇见几个像臭鼬一样的两只脚的人。从这些经验里我发现，招惹哪一种臭鼬都是不划算的。

当我们仇恨自己的仇人时，就等于给了对方获胜的力量。那力量使我们睡不好、吃不香，让我们的血压、健康出问题，让我们失去了快乐。要是我们的仇人知道他们如何令我们担心、苦恼，他们一定会高兴得手舞足蹈。我们心中的仇恨根本不能伤害他们，相反却使我们自己的生活变得如同地狱。

知道下面的话是谁说的吗？"假如一个自私的人企图占你的便宜，别理会他，更不要想如何报复。当你想反击他的时候，你对自己的伤害比对对方的伤害更多。"这段话听起来像出自理想主义者之口。不是的，这段话出自一份米尔瓦基警察局发出的通告。报复怎么会伤害到你自己呢？根据《生活》杂志的报道，报复甚至会对你的健康产生伤害。"高血压患者的主要特征就是易怒，"《生活》杂志说，"如果不能控制愤怒，就会产生慢性的高血压和心脏病。"

现在你该明白耶稣为什么说"爱你的仇人"，这不仅仅是一种道德上的教训，而且是在传播一种 20 世纪的医学，是在教我们如何避免高血压、心脏病、胃溃疡和其他疾病。

最近，我的一个朋友患上了严重的心脏病，医生叫他每天在床上躺着，不管遇到什么事情，都不能发脾气，谁都清楚，心脏有问题的人，一旦发脾气就可能会丢了性命。几年前，华盛顿州史泼坎城的一个饭店老板就死于发脾气。现在，我手里有来自华盛顿州史泼坎城警察局局长杰瑞史瓦脱的信。信上写道："几年前，68 岁的威廉·传坎伯在史泼坎城开了一家小饭店。他雇用的厨师非要用盛菜的碟子喝咖啡，威廉火冒三丈，结果心脏病突然发作，倒地而死。他的验尸报告上写着：'他的心脏病是由愤怒引起的。'"

耶稣说"爱你的仇人"的意思，其实也是在告诉我们如何改变自己的外表。我想我们大家都一样，有些女人，她们的脸因怨恨而生出皱纹，因悔恨而变形，表情因此变得僵硬。对她们容貌的改观，无论使用怎样完善的美容方式，也不如让她们心里充满宽容、温柔和爱所能达到的效果。

怨恨的心态还会影响我们对食物的享受。圣人说："带着爱心吃素，也比带着怨恨吃牛肉要好。"

我们做不到去爱我们的仇人，但至少要学会爱我们自己，让仇人难以控制我们的快乐、健康和外表。如莎士比亚所说："不要因为你的敌人而燃起一把怒火，烧伤你自己。"

耶稣在说"我们应该原谅我们的仇人77次"的时候，要知道他也在教我们怎样做生意。例如，我有封乔治·罗纳寄来的信，他住在瑞典的艾普苏那。乔治·罗纳在维也纳做律师已经有许多年了，在第二次世界大战期间，他逃到了瑞典，当时他非常需要找份工作。由于他能说好几个国家的语言，所以他希望能做进出口公司的秘书工作。他收到多家公司的回信，告诉他因为正在打仗，暂时不需要这一类的人，他们把他的名字存在档案里。

其中有一封写给乔治·罗纳的信上说："你完全错误理解我的生意了。你不仅傻而且笨，我不用秘书替我写信。即使我需要，也不会请你，因为你连瑞典文都写不好，你的来信中错字连篇。"

看完这封信，乔治·罗纳气得发疯。那个瑞典人还说他写不通瑞典文，他自己的信上就错误百出。于是，乔治·罗纳也打算写一封回信，目的想要激怒那个人，让他也大发脾气。过一会他冷静下来，自言自语道："等会儿。他的这个说法是错的吗？我虽然学过瑞典文，但毕竟它不是我的母语，或许我确实犯了很多我并不知道的错误。假如是那样的话，我要得到一份工作，就必须继续努力学习。或许，这个人帮了我一个大忙，虽然这并不是他的本意。他用如此粗鲁的话来发表意见，并不影响我受惠于他，所以应该给他写封感谢信。"

乔治·罗纳本想写一封骂人的信，结果却变成写一封感谢信。在信中他写道："你不怕麻烦能给我回信，我十分感谢，特别是在你根本不需要秘书时。关于我把贵公司的业务弄错的事，我感到十分抱歉。我通过别人的介绍给你写信，他们告诉我你是这一行业的领头人物，另外我还不知道我的信上有很多文法上的错误，我觉得很惭愧。我会更加努力地去学习瑞典文，很快改正我的错误，谢谢你能使我踏上改进的道路。"

没过几天，乔治·罗纳又收到那个人的回信，邀请罗纳去看他。罗纳去拜访了那个人，并且在他的公司谋得了一份差事，乔治·罗纳由此得出"消除怒气莫过于温和的回答"的结论。

我们也许不能像圣人那样去爱我们的仇人，可至少要原谅他们，忘记他们，这是为了我们自己的健康和快乐，这样做才是聪明之举。有一次，我问艾森豪威尔将军的儿子约翰，他父亲会不会一直怨恨别人。"不会，"他回答，"我爸爸从不浪费一分钟去想那些他所不喜欢的人。"

俗语说得好："笨蛋是不能生气的人，聪明人是不生气的人。"

纽约州前州长威廉·盖诺所持的策略就是依据这一点。他被一家内幕小报抨击得一无是处之后，又被一个疯子打了一枪，险些葬送了性命。当他躺在医院苦苦挣扎的时候，他说："每天晚上，我都设法原谅所有的事情和每一个人。"这样做是否太理想化、太轻松、太善良了呢？假如是这样的话，那就让我们来看看德国伟大的哲学家叔本华的理论，他是《悲观论》的作者，他把生命看作既毫无价值又痛苦的冒险。叔本华写道："假如可能的话，应该对任何人不怀有怨恨的心理。"

曾经做过 6 位总统（威尔逊、哈定、柯立芝、胡佛、罗斯福和杜鲁门）顾问的伯纳·巴鲁，在回答他是否因为受到敌人的攻击而难过时，曾这样说过："我不受任何人的羞辱或者干扰，是我绝不让他们这样做。"

实际上，确实没有人能够羞辱或干扰你和我——除非是我们让他这样做。

"棍子和石头也许能打断我的骨头，可是言语永远也无法伤害我。"

第五章　做超出能力之外的大事

　　我常常站在加拿大杰斯帕国家公园里，仰望那座以伊迪斯·卡维尔的名字命名的山峰，它算得上是最美丽的山了。这座山的命名是为纪念一位护士，她在 1915 年 10 月 12 日像军人一样慷慨赴死，被德军行刑队枪毙。她犯了什么罪呢？她在比利时的家里曾收容和护理过许多受伤的法军和英军士兵，并且协助他们逃往荷兰。在 10 月的那天早晨，一位英国教士走进军人监狱，来到她的牢房为她做临终祈祷，这时，伊迪斯·卡维尔说了两句后来被刻在纪念碑上："我知道仅仅爱国是不够的，我一定不能对任何人怀有敌意和怨恨。" 4 年之后，她的遗体被迁往英国，在西敏斯大教堂举行了安葬大典。我在伦敦居住时，就常到国立肖像画廊对面去看伊迪斯·卡维尔的雕像，同时朗读她这两句不朽的名言："我知道仅仅爱国是不够的，我一定不能对任何人怀有敌意和怨恨。"

　　有一个好方法能让我们原谅和忘记我们的仇人，那就是让自己去做一些我们无力完成的大事儿。这样我们对所遭受的侮辱和敌意就会淡忘了，因为这样我们就不会去计较理想之外的事了。比如，1918 年，密西西比州松树林里发生了一件极富戏剧性的事情，它差点造成一次火刑。一个名叫劳伦斯·琼斯的黑人讲师，差点被烧死。劳伦斯·琼斯创建了一所学校，几年前，我曾去参观并对全体学生做了一次演说。今天那所学校可算是尽人皆知了，可是，下面我要说的是发生在很早以前的事情。在第一次世界大战期间，有一种谣言在密西西比州中部流传，说德国人正在挑唆黑人起来暴乱。劳伦斯·琼斯就是黑人，有人告发他挑动族人叛变。一大群白人在教堂外面，他们听见劳伦斯·琼斯正在向听众高声宣讲："生命，就是一场战斗！每个黑人都要身披盔甲，用战斗来换得生存、求得成功。""战斗""盔甲"，够了。这些年轻人在夜色中冲出去，纠集了一群暴徒，又回到教堂。他们用绳子将劳伦斯·琼斯捆绑起来，押到一英里以外的树林里，让他站在一大堆干柴上面，准备用火烧，并把他吊死。这时，有个人喊道："在烧死他以前，让这个喜欢多嘴的人再说说话。说啊！说啊！"劳伦斯·琼斯脖子上套着绳索，站在柴堆上，为他的生命和理想发表了一篇演说。

劳伦斯·琼斯毕业于爱荷华大学，那时是 1900 年。他性格好，学问扎实，在音乐方面也颇有才华，老师和同学们都很喜欢他。毕业以后，一个旅馆曾请他任职，被他拒绝了。一个富人愿意资助他继续深造音乐，同样被他拒绝了。这是为什么呢？因为这些都不是他的理想。当他阅读布克尔·华盛顿传记的时候，就已经下定决心献身于教育事业，去教育那些因贫穷而没有机会受教育的人。于是，他回到了南方最贫瘠的一个小村庄，那个地方在密西西比州灰克镇以南 25 英里。他把自己的表以 1.65 美元当掉了，此后，就用树枝当笔，在树林里办起了露天学校。劳伦斯·琼斯告诉那些愤怒的要烧他的人，他所做的一切，就是要教育那些没有进过学校的孩子们，教他们做一个好农夫、木匠、厨子、家庭主妇。他谈到有一些白人曾经资助他办这所学校，那些白人送给他土地、木材、猪、牛和钱，使他的教育工作能够继续下去。

有人问劳伦斯·琼斯，对那些把他拖出来准备吊死和烧死他的人，他会不会仇恨。他回答说，他忙着为自己的理想而工作，没工夫去恨别人，他在一心一意地做一些超过他能力以外的大事。"我没空去跟别人吵架，"他说，"我没时间去后悔，任何人也不能强迫我去恨他。"劳伦斯·琼斯当时的态度非常诚恳，令人感动，他一点也不为自己哀求什么。那群暴民开始心软了。人群中有一个曾经参加过南北战争的老兵，他说："我相信这孩子的话是真的，他提起的那些白人我都认识，他的确是在做一件好事。我们弄错了，我们应该帮助他而不该吊死他。"那位老兵摘下帽子，在人群里传来传去，从那些准备将这位教育家烧死的人群里募集到55.4 美元。他把钱交给琼斯——这个曾经说过"我没空去跟别人吵架，我没时间去后悔，任何人也不能强迫我去恨他"的琼斯。

1900 年以前，依匹克特修斯曾经指出，我们种因就会得果。命运总要让我们为过错付出代价。"归根结底，"依匹克特修斯说，"每个人都会为自己的错误付出代价。记住这点，你就不会跟任何人生气、争吵，就不会对别人采取辱骂、责怪、触犯和仇恨的方式。"在美国历史上，恐怕再没有谁比林肯受到的责难、怨恨和陷害更多的总统了，但是根据韩登《不朽的传记》中的记载，林肯却从来不以他自己的好恶为标准来评判别人。如果有什么任务需要完成，他也会设想他的敌人可以做得同别人一样好。

假如有人曾经羞辱过他，或者对他本人无礼，但此人却是某个位置的最佳人选，林肯还是会安排他去担任那个职务，就像他会派他的朋友去做这件事一样，而且，他从未因某人是他的敌人，或不喜欢某个人，而解除那个人的职务。很多被林肯委任而身居高位的人，过去都曾批评或羞辱过他，其中就有麦克里兰·爱德华、史丹顿和蔡斯，但林肯认为"谁也不会因为他做了什么而被称颂，或因为他做了什么或没有做什么而被罢黜"。因为所有人现在的样子，都是在环境、教育、生活习惯和遗传的影响下形成的，将来也永远是这个样子。

从小到大，每天晚上，我的家人都要背诵从《圣经》里面摘出的章句或诗句，然后跪下来一齐念"家庭祈祷文"。我现在似乎还能听见，在密苏里州一栋孤寂的农舍里，父亲背诵着耶稣基督的那些话，那些只要人类存有理想就会永远重复的话："爱你们的仇人，善待恨你们的人；为诅咒你的人祝福，为凌辱你的人祈祷。"这些，父亲都做到了，于是，他的内心得到了一般将官和君主们所无法得到的平静。

第六章　活着就是财富

我们每天都像生活在美丽的童话王国里，然而，我们大部分人却意识不到这一点。这是为什么呢？

哈罗·艾伯特以前是我的教务主任，我们认识很多年了。一天，我在堪萨斯城遇见了他，他便开车送我回密苏里州贝尔城我的农庄。在车上，我问他是怎样让自己保持愉快的，他给我讲了一个非常有趣的故事：

以前，我经常为很多事情忧虑，但在 1934 年春季里的一天，我完全改变了。那天我正在韦伯镇西道提街上走着，看到的景象让我从此再也不会忧虑了，虽然事情只发生了短短的 10 分钟，然而，就在这 10 分钟里，我学会了如何生活，这远超过我过去 10 年里学到的全部知识。

我在韦伯城开了两年的杂货店，结果，我赔光了全部积蓄，还欠下了一笔债。杂货店倒闭了，我打算去工矿银行借点钱，然后到堪萨斯城去找一份工作。我漫无目的地走着，没有了一点信心和勇气。这时候，迎面来了一个没有腿的人，他坐在一个下面装着溜冰鞋轮子的小木制台子上，两只手各握着一根木棍，拄着地在街道上滑行。我看到他的时候，他刚好已经从街对面横穿了过来，正要将自己抬高几英寸，以便到人行道上来。这时，我俩的目光刚好对上，他对我微微一笑，说："早上好，先生，今天的天气真好啊，难道不是吗？"他的样子显得很开心。此刻，我才发觉自己是多么的富有，我的身体健全，可以做任何事情，我为我的自怜感到羞耻。我告诉自己，残疾人能够做到的事情，我同样也能做到。我抬起了头。鼓足勇气到工矿银行里借了 200 美元，并且到堪萨斯城去找了一份工作。

我在浴室的镜子上贴了一张字条，每天早上刮胡子时，都能看到上面的字："别人骑马我骑驴，转身看看推车汉——比上不足，比下有余。"

有一次我问艾迪·雷根伯克，当他迷失在太平洋里，和他的同伴无望地在救生筏上漂流了 21 天之后，他学到的最重要的东西是什么？"那次经历让我学到的最重要一课就是，"他说，"如果你有足够的新鲜水喝，有足够的食物吃，就不要再对任何事情都抱怨了。"

《时代杂志》有一篇报道，讲到一个士官在关达坎诺受了伤，弹片击中了他的喉部，他输了 7 次血。他给医生写了一张纸条，问道："我还能活吗？"医生回答说："能。"他又写道："我还能说话吗？"医生又给了肯定的回答。然后他再写了一张纸条说："那我还担心什么？"你也可以立刻停下来问自己："那我还担心什么？"

你很可能会发现，有时自己担忧的事情其实是微不足道的。

在我们生活中，大概有 90% 的事情是好的，10% 是坏的。如果我们想要快乐，就要把精神集中在那 90% 的好事情上，而不要去想那 10% 的坏事情；反之，如果我们想要痛苦的生活，就只想那 10% 的坏事吧。

英国很多新教堂里都刻着这样的话："多想，多感恩。"我们也应该将这两句话铭刻在心。

英国文学史上有位悲观的作家，他就是《格列佛游记》的作者斯威夫特。他为自己的出生难过，所以每到生日来临，他一定要穿黑衣服，还要绝食一天。但是，虽然在绝望中，这位英国文学史上有名的悲观主义者却赞颂开心与快乐能给人带来健康的力量。他说："世界上有三位最好的医生，他们是节食、安静和快乐。"

每一天，每个小时，我们都能得到"快乐医生"的免费服务，我们拥有许多令人难以置信的财富，那些财富远超过阿里巴巴的珍宝，我们要把注意力集中在那里。假如你的两只眼睛价值一亿美元，你愿意把它们卖掉吗？你的两条腿又能卖多少钱呢？还有你的两只手、听觉和家庭。把你所拥有的一切加在一起，你会发现你绝不会卖掉你所拥有的这一切，即使用洛克菲勒、福特和摩根三个家族所有的黄金都不会交换。

可是我们是否意识到了这些呢？没有。就像叔本华所说："我们很少意识到我们已经拥有的，而总是盯着我们所没有的。"世界上最大的悲剧所造成的痛苦，也许比历史上所有的战争和疾病都要多。

也正是因为这个缘故，约翰·派玛几乎"从一个正常人变成一个坏脾气的老家伙"，他的家庭也差点被毁了。"退伍后不久，"派玛先生说，"我就开始做生意。我没黑没白地忙着，一切都很顺利。可不久问题出现了，因为零件和原料买不到。这样一来就可能要放弃自己的生意，我为此非常忧虑，脾气也变得很坏。我变得尖酸刻薄，可当时自己并不知道，现在才明白，我几乎失去了所有的快乐。一天，一个给我打工的年轻伤兵对我说：'约翰，你确实应该感到羞愧。看你这副样子，好像世界上只有你一个人遇到了麻烦，就算你不干了，又会有什么结果呢？等到一切恢复正常后，你还可以重新开始。你有很多值得感激的事，可你却总是在抱怨。我的天啊，我真希望我是你。你看看我！我只有一只胳臂，半边脸都伤了，可我什么也不抱怨。如果你继续这样埋怨下去，你不仅会丢掉生意，也会丢掉健康、家庭和朋友。'这些话使我幡然猛醒，发现自己确实走上岔路很远了。我马上决定要改变现状，重新做我自己，我最终做到了这一点。"

很多年前，我认识了露西莉，当时我们都在哥伦比亚大学新闻学院选修短篇小说写作。9年前，她住在亚利桑那州的杜森城，在那里她的生活发生了巨大的变化。以下，就是她给我讲的故事：

我的生活一直都很忙碌。我在亚利桑那大学学风琴，在城里开办了一所语言学校，在我所住的沙漠柳牧场上教音乐欣赏课。我到处参加宴会和舞会，在星光下骑马。

一天早上，我的心脏病发作了，整个身体都垮了。"你得在床上安静地休息一年。"医生对我说。然而他竟然没有鼓励我，让我有自信恢复健康。

在床上做一年废人，最后可能还会死掉。我害怕极了。为什么我会遇见这样的事？我做错什么了吗？为什么会得到这样的报应？我哭闹着，心里满是怨恨。但是我还是不得不按照医生说的那样在床上躺着。我的邻居鲁道夫先生是个艺术家，他对我说："现在，你觉得在床上躺一年是极其痛苦的事情，可是实际上不是这样的，你可以有思考的时间了，能够真正地看清自己了。在未来的几个月里，你在思想上的进步，会比你这大半辈子的还要多。"于是，我平静了下来，开始为自己确立新的价值观。我看了很多能够发人深省的书。一天，我听到一个广播新闻评论员说："你只能谈你了解的事情。"以前，类似的话我听过很多，可是直到现在才深刻地感受到其中的意义。我决定只想那些愉快和健康的事情。从早上睁开眼，我就逼着自己想一些美好的事情：我没有痛苦，我有个可爱的女儿，我看得见，听得到，能够欣赏优美的音乐，有空闲的时间读书，吃饭很香，有很多好朋友，我很快乐。而且，来探望我的人太多了，以至于医生要在门口挂个牌子，提醒只许在规定的时间里限制人数探望。

这件事已经过去9年了，现在，我的生活多姿多彩。在床上度过的那一年，是我最难忘的，那是我在亚利桑那州所度过的最有意义、最快乐的一年，我充满了感激。而且，直到现在，每天早上我还会想一下身边的美好事情，那是我最宝贵的财富，让我觉得惭愧的是，一直到我为死亡担心，才真正学会了如何生活。

撒姆尔·约翰生博士说过："理智地看待每一件事，比每年赚1000英镑更有意义。"

需要提醒各位的是，说这句话的可不是一个天生乐观的人，他曾经过着痛苦的生活，贫困地度过了20年，然而他最终成为那个时代最著名的作家和演说家。

第七章　做最好的自己

一个人想要把别人所有的优点都集中到自己身上，这是非常愚蠢、荒谬的想法。

我保存着这样一封信，它是伊笛丝·阿雷德太太从北卡罗来纳州艾尔山寄来的：

> 我从小就非常敏感、腼腆，我的身体很胖，特别是我的脸使我看上去比实际还显胖。我的母亲非常古板，她觉得把衣服收拾得漂亮是一件蠢事。她常对我说："肥大的衣服好穿，紧身衣服容易破。"她一直以这句话为标准帮我做衣服。所以，我从来不去室外和其他的孩子一起游戏，甚至连体育课也不上。我特别害羞，总觉得自己跟其他人"不一样"，根本不讨人喜欢。
>
> 长大成人后，我嫁给一个比我年长好几岁的男人，可是我并没有因此改变什么。丈夫一家人都很好，对生活充满了自信。我非常羡慕他们。我尽最大努力向他们

靠拢，但结果总是失败。为了能让我开朗起来，他们做了许多努力，但我每次都退缩到原来的状态。我紧张不安，避开所有的朋友，我甚至害怕听到门铃响。我认定自己是个失败者，又担心丈夫会发现这一点。我们一起在公共场合的时候，我都假装很开心的样子，结果总是做得太过。我明白自己做得太过分了，常常会因此难过好几天。这种忧虑，后来甚至发展到使我觉得再活下去也没有任何意义了，于是我想到了自杀。

一句随口说出的话，改变了我的整个生活。一天，婆婆谈她怎么教育自己的几个孩子，她说："无论如何，我总是让他们保持本色。""保持本色"，就是这句话！瞬间，我突然明白自己之所以那么苦恼，是因为我一直在试图让自己去适应一个并不适合我的生活模式。

一夜之间，一切都改变了。我开始保持本色，研究自己的个性，看看自己到底是怎样的人。我研究我的优点，努力学习色彩和服饰上的学问，尽量按照适合自己的方式穿衣。主动结交朋友，还参加了一个社团组织，这个组织起先很小，但他们让我参加活动，还是把我吓坏了。然而我每发言一次，就会增加一点勇气。现在我所有的快乐，都是过去的梦想。在养育自己的孩子时，我也总是通过自己痛苦的经验告诉他们："不管发生什么事，都要保持本色。"

詹姆斯·高登·季尔基博士说："保持本色的问题就像历史一

样古老，也如同人性一样地普遍存在。"很多精神和心理问题的潜在原因，就是人们不愿意保持本色。安吉罗·帕屈在幼儿教育方面曾写过 13 本书和数以千计的文章。他说："想把自己变得像其他人那样，没有比这样做更痛苦的了。"

好莱坞最知名的导演之一山姆·伍德说，在他启发一些年轻演员时碰到了许多问题，其中最让人头痛的问题就是如何让他们保持本色。他们都想做二流的拉娜透纳，或者是三流的克拉克·盖博。"观众已经受够这一套了，"山姆·伍德说，"最保险的做法是赶紧丢开那些装腔作势的人。"'

最近，我向索凡石油公司的人事部主任保罗提了一个问题，问求职者常犯的最大错误是什么。这一点他应该了解，因为他曾和 6 万多个求职者面谈，还写过一本《谋职的六种方法》的书。他回答说："不懂得保持本色是求职者所犯的最大错误。他们不展示自己的本来面目，不能开诚布公，却给你一些自以为你喜欢的回答。"可是这个做法毫无用处，因为没人喜欢伪君子，正如没有人愿意收假钞票。

有一位电车车长的女儿，她也学会了这条原则。她想当歌唱家，但是她长得并不美。她的嘴很大，牙齿暴露，在新泽西州的一家夜总会里公开演唱时，她总是想用上嘴唇盖住牙齿。她想表演得"很美"，结果却使自己出尽洋相，注定了失败的命运。

但是，在那家夜总会，一位听众却认为她很有天分。他对她说，"我一直在看你的表演，我知道你想掩藏什么，你觉得你的牙长得很难看。"这个女孩子听了非常窘迫，可是那个男子继续说道："这又怎样？难道牙长得暴露就有罪吗？别去遮掩，大胆地张开你的嘴，观众看到你对此并不在意，他们就会喜欢你的。"他很坚决地说："那些你想藏起来的牙齿，说不定还会给你带来好运呢！"

这位名叫凯丝·达莉的女孩最终接受了他的忠告，不再去留心自己的牙齿。从那时起，她想的只有她的听众，她张大了嘴巴，热情地歌唱，她成了电影界和广播界的一流红星。现在，其他的喜剧演员都希望能学到她的样子呢。

有些人从未发现过自己的潜能，著名的威廉·詹姆斯谈到这些人时曾说，一般人只发展了 10% 的潜在能力。"与我们应该做到的相比较，"他写道，"我们等于只激活了一小部分。对于我们身心两方面的能力，我们使用的只是微乎其微。换句话说，一个人等于只活在他体内有限空间的一小部分。他具有多种能力，却不知道如何去发掘和利用。"我们都有这样的能力，所以不该再浪费时间，去为我们没有拥有其他人的优点而苦恼。在这个世界上你是唯一的，过去从未有过，从开天辟地直到今天，没有谁跟你完全一样；而将来，也不可能再有一个完全同你一样的人。新的遗传学告诉我们，你之所以为你，是因为你父亲的 24 条染色体和你母亲的 24 条染色体所遗传的。"在每一个染色体里，"阿伦·舒因费说，"可能有几十到几百个遗传因子，在某些情况下，每一个遗传因子都能对一个人的一生产生影响。"的确不错，我们就是这样被"既可怕又奇妙地"造成的。

即使在你母亲和父亲相遇结婚后，生下的这个孩子正好是你的机会也仅仅是二十万亿分之一。换句话说，即使你有二十万亿个兄弟姐妹，也不可能和你完全一样。这是想象吗？不是，这是科学的事实。

对这一点如果你想了解得更详细的话，不妨到图书馆借一本《遗传与你》的书，这本书的作者就是阿伦·舒因费。

我对保持本色这个问题感触很深，下面我们继续深谈。对这个问题，我曾有过痛苦的经验，并为此付出了相当大的代价。在这里向大家介绍一下。

从密苏里州的乡下来到纽约时，我进了美国戏剧学院，希望能在这里当个演员。当时我有一个自认为非常聪明的想法，以为自己找到了成功的捷径。这个想法很简单，很完美，我不明白为什么成千上万野心勃勃的人竟没有发现这一点。这个想法是这样的，我要去学那些名演员的演戏方法，学习他们的长处，把他们每个人的优点学到手，把他们所有的长处集于一身。这是多么愚蠢、多么荒唐的想法！我怎么能浪费那么多的时间去模仿别人，最后我终于明白，我必须保持本色，我不可能变成他们任何人。

这次痛苦的经历，本应成为永远难忘的教训，可事实并非如此。我并没有因此学乖，可能我太笨了。我计划写一本书，是关于演说的，希望它成为此类书中最好的一本。写那本书时，我又有了像过去演戏时的笨想法。我打算把其他作者的观点全部"借"过来，放在我自己的书里，使它能够包罗万象。于是，我买来十几本有关公开演讲的书，用了一年的时间把它们的观点搬进我的书里，可是最后我发现，我又办了一件傻事。把别人的观念拼凑在一起，这样写成的东西非常做作，非常沉闷，没有谁能看得下去。我只好将一年的辛苦都丢进纸篓里，重新开始。这次我对自己说："你必须保持自己的本色，不管你有多少错，能力多么有限，你总不能变成别人。"从这以后，我不再尝试做其他所有人的集合体，相反，我挽起袖子，做我一开始就该做的那件事：完全以自己的经验和观察，以演说家和演说教师的身份写了一本关于公开演讲的教科书。我学到了华特·罗里爵士所学到的那一课，我希望自己也能长久坚持下去。华特·罗里爵士曾于 1904 年在牛津大学任英国文学教授，他说："我没有能力写一本足以与莎士比亚媲美的书，但是我可以写一本由我写成的书。"

保持你的本色，像欧文·柏林给已故的乔治·盖许文的忠告那样。柏林和盖许文初次会面时，柏林已经名声在外了，而作为年轻作曲家的盖许文还只是刚刚出道，一星期只赚 35 美元。柏林很欣赏盖许文的能力，他问盖许文是否愿意做自己的秘书，可以付给他 3 倍的薪水。"但你不能接受这个工作，"柏林忠告说，"如果你接受的话，你可能就会变成一个二流的柏林。如果你继续保持自己的本色，总有一天你会成为一个一流的盖许文。"

盖许文接受了这个建议。后来他渐渐地成为美国最重要的作曲家之一。

我在这一章里想要让各位明白的道理，卓别林、鲍勃·霍伯、威尔·罗吉斯、玛丽·玛格丽特·麦克布蕾、金·奥特雷，以及其他许多人，他们也都学过，而且像我一样，他们也学得很辛苦。卓别林开始拍电影的时候，那些导演坚持让他向当时非常有名的德国喜剧演员学习，可是卓别林的成名，却是在创造出一套自己的表演方法之后。鲍勃·霍伯也有相同的经验。多年来他一直在演歌舞片，结果毫无成绩，直到他将自己幽默的才能发挥出来后，才成了名。威尔·罗吉斯在一个杂技团里，只表演抛绳技术，这个节目不用说话，这样继续了好多年。最后他发现了自己在讲幽默笑话上的特长，于是开始在耍绳表演的时候加入语言，并由此成名。玛丽·玛格丽特·麦克布蕾初入广播界时，想做一个爱尔兰喜剧演员，结果没成功，后来她发挥了她的本色，做一个从密苏里州来的很平凡的乡下女孩子，结果却成了纽约最受欢迎的广播明星。金·奥特雷刚出道的时候，想要改掉他的德州口音，以便像个城里的绅士，自称是纽约人，结果大家只在背后笑话他。后来他开始弹五弦琴，唱西部歌曲，开始了他那了不起的演艺生涯，成了西部歌星，在全世界的电影和广播界颇具声望。

你在这个世界上是独一无二的，这一点很值得庆幸。应该尽可能利用好大自然所赋予你的一切。归根到底，所有的艺术形式都带有一些个性：你只能唱你自己的歌，画你自己的画，做一个由你的经验、你的环境、你的家庭所造就的你。无论好坏，你都要建造一个自己的小花园，无论好坏，在生命的交响乐中，你都要演奏属于自己的乐器。

第八章 把柠檬做成柠檬水

贝多芬最好的曲子，是在他耳聋之后创作的。由此可见，缺憾对我们常会产生意外的帮助。

写作本书的时候，有一天，我到芝加哥大学拜见罗勃·梅南·罗吉斯校长，向他请教如何才能获得快乐。他回答说："已故的西尔斯公司董事长裘利亚斯曾对我有个小小的忠告，我一直试着按照他说的去做，这就是：'如果有个柠檬，就做柠檬水。'"

这是一位伟大教育家的做法，而常人的做法正好相反。要是一个人发现生命所赋予他的只有一个柠檬，他就会自暴自弃地说："我完了。这就是命运。一点机会也不属于我。"接着他开始诅咒这个世界，让自己沉溺在自怜之中。然而，当聪明人拿到一个柠檬的时候，他就会说："我能从这件不幸的事情中学到什么呢？我怎样才能改变现状，怎样才能把这个柠檬做成一杯柠檬水？"

伟大的心理学家阿佛瑞德·安德尔用毕生的心血来研究人类的潜能，他说，人类最奇妙的特性之一，就是"变负为正的力量"。

下面有一个很有趣的故事，故事的主角是一个名叫瑟玛·汤普森的女人：

　　战争时期，我的丈夫驻守在加州莫嘉佛沙漠附近的陆军训练营里。为了离他近一些，我也搬到了那里。我对那个地方深恶痛绝，从来都没有这么痛苦过。我丈夫被派到莫嘉佛沙漠出差时，我就只能独自待在又小又破的屋子里。那里热得让人受不了，就算是在大仙人掌的阴影下，气温也高达125度（华氏）。当地都是墨西哥人和印第安人，而他们又不会说英语，无法交流。风吹得沙子到处都是，连吃的东西和呼吸的空气里也充满了沙子。

　　当时，我难过到了极点，我只好给父母写了封信，对他们说我忍受不了，想回家，我连一分钟也不能等了，住在这里还不如住到监狱去。我父亲在回信中只写了两行字，那是改变我人生的两行字，我永远忘不了。"两个人从监狱的铁窗里向外看：一个看见的全是烂泥，另一个看到了满天的星星。"

　　这两行字我反复念了很多遍，感到非常惭愧。我决心找出当时情况下的好事情。我想看到那些美好的东西。

　　我很快就和当地人交上了朋友，他们对我非常热情，让我惊喜万分。当我对他们自制的布和陶器表现出喜爱时，他们把那些不舍得卖给游客的东西送给了我。我认真观察仙人掌迷人的形态，了解土拨鼠的生活特点，欣赏大漠日落，还去捡拾贝壳，这片沙漠在300万年前还是海床呢！

为什么我会有这么大的转变呢？我身边的一切都没有变，但是我变了。我的态度改变了，我把以前感到懊恼的事情当作刺激的冒险。我发现这是一个让我感动的崭新世界，我为此感到兴奋。我写了一本小说，名字叫《光明的城堡》。我为自己设下了一个监狱，当我从铁窗向外望时，我看到了星星。

耶稣基督降生前 500 年，那时希腊人曾有这样一个真理最好的东西也是最难得到的。

在 20 世纪，哈瑞·艾默生·福斯狄克将这句话又重复了一遍："大部分快乐并非来自享受，而是来自成功。"不错，这种成功来自一种成就感，一种得意，也来自我们能把柠檬做成柠檬水。

我拜访过一个住在佛罗里达州的农夫，当他买下现在拥有的那片农场时，他沮丧极了，那块土地非常差劲，无法种果树，也无法养猪，只有白杨树和响尾蛇才能在那种土地上存活。然而，他立刻想到了一个好办法，他要利用那些响尾蛇来挣钱。他把响尾蛇做成了肉罐头。几年前我去拜访他的时候，他告诉我每年到他那里参观响尾蛇农场的游客差不多有两万人。他的生意越做越大。他把从响尾蛇中取出来的蛇毒运送到各大药厂去做蛇毒的血清，把响尾蛇皮以高价格卖出去做女人的鞋子和皮包，把响尾蛇肉罐头运送到全世界各地。现在，为了纪念这位先生，这个村子已经改名为佛州响尾蛇村，这也是为了纪念这位先生将有毒的柠檬做成了甘甜的柠檬水。

第三篇

不因批评而烦恼

第一章　缺陷也有意外的收获

《十二个以人力胜天的人》一书的作者，也就是已故的威廉·波里索，曾经说过这样的话："不要把你的收入当作资本，这是生命中最重要的事情。谁都会这样做，从你的损失里去获取好处，这是我们需要学会的。当然，这需要足够的智慧，而这一点恰恰是聪明人和常人的本质区别。"

这段话是波里索在因火车事故摔断了一条腿后说的。还有一个两条腿全断掉的人，他也改变了消极观念，他的名字叫班·符特生。我曾在佐治亚州大西洋城一家旅馆的电梯里遇见他。我走进电梯时，他正坐在电梯角落里的轮椅上，很乐观的样子，他的两条腿都断了。电梯到了他要去的那一层时，他很愉快地问我是否可以让一下，好让他转动轮椅出去。"真对不起，"他说，"麻烦您了。"说这话的时候，他的脸上露出非常温和的微笑。

班给我留下了深刻的印象，以至当我离开电梯回到房间之后，什么事情也不愿想，脑子里全是他的影子。于是我去拜访班，请他讲讲有关他的故事。

"那是 1929 年，"班微笑着讲道，"我砍了一大堆胡桃木的枝干，准备在菜园里做豆子的撑架。我把那些树枝装上车，就开车回家。在车子急转弯的时候，一根树枝突然滑了下来，卡在引擎里，这时，车子恰好冲出路外，撞到树上。我的脊椎受了伤，两条腿都麻痹了。

"出事时我才 24 岁，从那以后我就再没有走过一步路。"仅仅24 岁，就要开始终生的轮椅生活，怎样才能勇敢地接受这个事实呢？当我提出这个问题后，班说："我以前并不能接受这个现实。"班说当时自己很愤恨，很难过，抱怨命运对自己不公。可是随着时间一年一年地过去，他终于发现愤恨于事无补，相反，只能给别人带来恶劣影响。"我终于明白，"他说，"大家对我很友善，非常有礼貌，所以我至少应该做到对别人也要有礼貌。"

我问班，事情已经过去很多年了，他是否还觉得那次意外很可怕、很不幸？班很快回答说："不会了，我现在甚至很庆幸有过那一次遭遇。"他告诉我，当克服了当时的震惊和悔恨之后，他就开始了一种全新的生活。他开始看书，并对一些优秀的文学作品产生了兴趣。班说，在 14 年里，他至少读了 1400 本书，这些书为他展示了全新的境界，使他的生活比以前所设想的还要丰富多彩。他开始欣赏音乐作品，过去认为令人烦闷的交响曲，现在都能使他感动。而最大的改变是，他现在有时间去思想。"有生以来第一次，"班说，"我能让自己认真观察这个世界，有了真正的价值观念。我开始明白，过去我所追求的事情，大都没有任何价值。"

阅读使班对政治发生了兴趣。他研究公共问题，坐着轮椅去演说，通过这些活动结识了很多人，很多人也因此认识了他。今天，班·符特生——依然坐在他的轮椅上——但他现在的身份，已是佐治亚州政府的秘书长了。

在过去的 35 年里，我一直在纽约市主持成人教育班的工作。我发现很多成年人最大的遗憾是没有上过大学。他们似乎认为没有接受高等教育是人生的一大缺陷。我知道这话不一定对，因为有许多很成功的人，甚至连中学都没有毕业。所以，我常常对这些学生们讲一个故事，故事的主人公甚至连小学都没有毕业。他家里很穷，当他父亲去世的时候，靠父亲的朋友们募捐，才把他父亲安葬了。父亲死后，母亲在一家制伞厂里做事，一天工作 10 个小时，下班后还要带一些活儿回家，一直干到晚上 11 点。

在这种环境下，这个男孩子长大了，他曾参加当地教堂举办的一次业余戏剧演出活动。演出时他觉得特别痛快，于是他决定去学演讲，后来，这种能力又引导他进入政界，30 岁的时候，他当选为纽约州的议员，但他对此毫无准备。他告诉我，其实他根本不知道该怎么做。他研究那些长而复杂的法案，这需要他投票表决，然而对他来说，这些法案就像用印第安文字写的。在他当选为森林问题委员会的委员时，他既吃惊又担心，因为他从来没有进过森林。当他当选州议会金融委员会的委员时，他同样特别吃惊和担心，因为他都没在银行开过户头。他告诉我，他当时太紧张了，以至想从议会里辞职，只是他羞于向母亲承认他的失败。在绝望中，他下决心每天苦读 16 个小时，把他那无知的柠檬变成一杯知识的柠檬水。经过努力，他从当地一个小政治家变成了一个全国的知名人物，以至《纽约时报》称他为"纽约最受欢迎的市民"。

我说的就是艾尔·史密斯。

艾尔·史密斯经过 10 年的自学，掌握了政治课程，此后，他成为评价纽约州政府一切事物最有权威的人。他曾 4 度当选为纽约州州长，这是一个空前绝后的纪录。1918 年，他成为民主党总统候选人，包括哥伦比亚大学和哈佛大学在内的 6 所大学把名誉学位授予这个甚至连小学都没有毕业的人。

艾尔·史密斯曾亲口对我说，如果他当年没有一天学习 16 个小时、化被动为主动的努力，所有这些事情都不会发生。

尼采对超人的定义是："不仅是在必要情况下忍受一切，而且还要喜欢各种具有挑战的机遇。"

研究那些成功者的事例后，我更加深刻地感到，他们成功的原因，就在于他们自身有一些会阻碍自己成功的缺陷，正是这些缺陷促使他们去加倍地努力，从而得到了更多的回报。正如威廉·詹姆斯所说："缺陷会使我们获得意外的收获。"的确，弥尔顿很可能就是因为双眼失明，才写出更好的诗篇来；而贝多芬因为双耳失聪，才创作出了更好的曲子。

海伦·凯勒之所以成就辉煌，也是因为她又盲又聋。如果柴可夫斯基不是那么痛苦，如果他那个悲剧性的婚姻没使他濒临自杀的边缘，如果他自己的生活不是那么悲惨，他也许永远也写不出那首不朽的《悲怆交响曲》。如果陀思妥耶夫斯基和托尔斯泰的生活不是那样充满挫折，他们也可能永远写不出那些不朽的小说。

达尔文发现了地球上生命科学的基本概念，他曾经写道："如果没有这样的残疾，我也许不会完成这么多工作。"他坦白地承认残疾对他有意想不到的帮助。

达尔文出生的同一天，另外一个孩子也在肯塔基州森林里的一个小木屋里出生了，他也是个有缺陷的人，而且他的缺陷也对他产生了帮助，他就是亚伯拉罕·林肯。如果林肯出生在贵族之家，在哈佛大学法学院得到学位，而婚姻生活又幸福美满的话，那些在葛底斯堡所发表的不朽演说，也许就不可能在他内心深处被发现，也不会有那句如诗般的名言，就是他在第二次政治演说上所说的，这也是美国总统所说的最美也最高贵的话："不要对任何人怀有敌意，而要对每一个人怀有爱心……"

哈瑞·艾默生·福斯狄克在《洞察一切》一书中说："我们可以用斯堪的纳维亚半岛人的一句俗话来鼓励自己：北风造就维京人。我们为什么会觉得，安全而舒适的生活、没有任何困难，这些就能使人变得积极快乐呢？事实正相反，那些可怜自己的人会继续自怜下去，即使他们舒适地躺在一个大垫子上时也不例外。"

如果我们颓丧到极点，觉得根本不能把我们的柠檬做成柠檬水，那么，这里有两点理由提示我们不妨去试一试，这两点理由告诉我们，为什么我们只赚而不会赔。

理由第一条，我们可能成功。

理由第二条，即使没有成功，只要尝试一下变负为正的企图，也就会促使我们向前看而不是向后看。所以，用肯定的思想来替代否定的思想，这样就能激发你的创造力，促使我们忘掉那些已经过去的事情，因为我们忙得根本没有时间去理睬它们。

有一次，世界著名的小提琴家欧利·布尔在巴黎举办音乐会，突然，他小提琴上的 A 弦断了，可是欧利·布尔竟然用另外 3 根弦演奏完了那支曲子。"这就是生活，"艾默生·福斯狄克说，"如果你的 A 弦断了，那么，你就在其他弦上把曲子演奏完吧。"

第二章 没人会踢一只死狗

　　1929 年，美国教育界发生了一件震动全国的大事，全国各地的学者都赶到芝加哥去看个究竟。几年前，有个名叫罗勃·郝金斯的年轻人通过半工半读，从耶鲁大学毕业，他当过作家、伐木工人、家庭教师和卖成衣的售货员。8 年后的今天，他就被任命为芝加哥大学的校长，这是美国第四所著名大学。而他此时只有 30 岁！简直让人难以相信。教育界的前辈们都大摇其头，人们的批评就像山崩落石一样一齐打向这位"神童"的头上，什么样的攻击都有，比如太年轻了、经验不够、教育观念很不成熟等等，甚至各大报纸也参加了攻击。

　　罗勃·郝金斯就任那天，一位朋友对他的父亲说："今天早上，我看见报上的社论攻击您儿子，可把我吓坏了。"

　　"是啊，"郝金斯的父亲回答说，"话说得很凶。可是请您记住，从来没有人会踢一只死狗。"显然，这只狗越重要，踢它的人就越能得到满足。后来成为英王爱德华八世的温莎王子（即温莎公爵），他的屁股也没少被人狠狠地踢过。当时他在帝文夏的达特

102

莫斯学院读书，这个学校和美国安那波里市的海军学校差不多。温莎王子当时才 14 岁。一天，一位海军军官发现他在哭，就问他出什么事了。开始他还不肯说，可最后还是说了实话：他被学校的学生踢了。指挥官召集所有的学生，告诉他们王子并没有告他们的状，可是，他想知道同学们为什么要这样对待温莎王子。

最终，这些学生承认说：他们希望将来成为皇家海军指挥官或舰长时，能够自豪地告诉别人，他们曾经踢过国王的屁股。

所以，要是有人踢了你，或者是恶意批评你的话，请记住，他们这样做的目的，就是为了使自己有一种自以为重要的感觉；这也说明你已经有所成就，而且引起别人关注了。很多人在诅咒那些教育程度比他们高，或者各方面比他们强的人时，都会产生一种满足感。比如说，我写作这一章的时候，收到一位女士的来信，她痛骂创建救世军的威廉·布慈将军。而我曾在广播节目里赞赏过他，而这个女人在信中说，布慈将军侵占了 800 万美元捐款，那是她募来准备救济穷人的。这种指责实在荒谬。这个女人并不想了解事情的真相，而只是想打倒一个比她有权势的人，以此来获得满足感。我把那封无聊的信丢进了纸篓里，我不敢说布慈将军是什么样的人，却因此看清了这个女人。多年前，叔本华曾说过："庸俗的人在伟人的错误和愚行中得到最大的满足。"

可能很少有人认为耶鲁大学的校长是一个庸人，然而曾经担任过耶鲁大学校长的摩太·道特，却认为自己有理由责骂一个竞选总统的人。"我们将目睹我们的妻子和女儿，成为合法卖淫的牺牲者。我们将会为此大受羞辱，受到严重的伤害。我们的自尊和道德都会消失殆尽，让人神共愤。"

这几句话听着是不是像在骂希特勒？不是的，这些话是在骂托马斯·杰斐逊。哪一个托马斯·杰斐逊呢？该不是那位不朽的托马斯·杰斐逊吧？那个写《独立宣言》的，那个作为民主政体代表的托马斯·杰斐逊？可是毋庸置疑，这里说的正是这个人。

"伪君子""大骗子"和"只比谋杀犯好一点点"，哪一个美国人曾如此遭人唾骂？有张报纸上的漫画画着他被推上了断头台，一把大刀正准备将他的头砍下来；当他骑马从街上经过时，一大群人围着他叫骂着。他是谁呢？他就是美国的国父乔治·华盛顿。这都是很久以前的事了，也许从那时起，人性已经发生变化。让我们拿探险家佩瑞海军上将做例子，他因 1909 年 4 月 6 日乘雪橇到达北极而震惊全球。几百年来，无数勇敢的人为了实现这个目标而忍饥受冻，甚至丧生。佩瑞也差点因饥寒交迫而死去，8 个脚趾因冻伤而被迫割除。他在路上碰到了各种各样的灾难，这使他担心自己会发疯。而华盛顿那些高高在上的海军官员们却因为佩瑞这样受到尊崇而嫉妒异常。于是，他们诬告他假借探险的名义敛财，然后"无所事事地在北极享受追逐"。而且，他们可能还真相信这是实情，因为一个人非常相信他们想相信的事情。他们羞辱和阻挠佩瑞，这样的决心甚至强烈到最后必须由麦金莱总统直接下令，才使佩瑞在北极的研究工作继续了下去。

假如佩瑞当时坐在华盛顿的海军总部办公室的话，他还会遭到别人的批评吗？显然不会，那样他就不重要了，也不会引起别人的嫉妒了。

格兰特将军的遭遇比佩瑞上将还糟。1862 年，格兰特将军率领北军赢得了第一次决定性的胜利，他立刻成为全国的偶像，甚至在遥远的欧洲，也引起很大的反响。从缅因州一直到密西西比河岸，处处都敲钟点火来庆祝胜利。但是，在取得这次伟大胜利仅仅 6 个星期后，他却遭到了逮捕，被剥夺了兵权。

　　为什么格兰特将军会在胜利到来时被捕呢？这主要是因为他引起了那些傲慢的上层官员们的嫉妒。

第三章　让雨水从身边流过

有一次，我去拜访有"地狱恶魔""老锥子眼"之称的史密德里·伯特勒少将。他是统领过美国海军陆战队的人中经历最多姿多彩、又最会摆派头的将军。

伯特勒对我说，他在年轻的时候努力想成为一个最受人们欢迎的人，想让身边的每一个人都对他有良好的印象。那个时候，一个小小的批评都会让他难过半天。但是他承认海军陆战队30年的生活让他变得坚强了很多。"我曾被人羞辱和责骂过，"他说，"骂我是毒蛇、臭鼬、黄狗。我还被骂人专家骂过，他们使用在英文里所有能想得出来却印刷不出来的脏字眼骂我。这会不会让我感到难过？不！要是现在听见有人在我身后骂我，我甚至都不会回过头看是什么人在骂。"

可能是伯特勒将军对别人的羞辱太不在乎。可有件事是可以肯定的，那就是在现实生活中我们多数人会把这种不值得一提的小事看得过于认真。几年前，有一个来自纽约《太阳报》的记者参加了我为成年人举办的教育班示范教学会，他在会上故意攻击和诋毁我与我从事的工作。我当时非常生气，认为这是对我人格的一种侮辱。我立即打电话给《太阳报》执行委员会主席吉尔·何吉斯，强烈要求他刊登一篇文章，说明事实真相，而不是这样来嘲弄我。我下定了决心要让那个当众侮辱我的人受到适当的惩罚。

而现在，每当回想到当时自己的作为，我都深深地感到羞愧。到现在我才明白，买那份澄清事实真相报纸的人大多不会看那篇文章；看到的人里边有半数会把它当成意外小事来看待；而真正注意这篇文章里的人，会在几个星期之后就把这个事情整个忘掉。

普通人根本就不会想到我们，或关心别人批评我们的是什么话，他们只会想到自己，早饭前，早饭后，一直到凌晨干了些什么事。他们对自己小问题的关心程度，要比关心我们的大消息的程度多出 1000 倍。

即便是我们被别人说了闲话，被别人当成了笑话，被人骗了，被别人从背后捅了一刀，或者被最亲密的朋友出卖——也千万不要只知道自怜，应当提醒自己，想想基督耶稣所遇见的那些事——他的 12 个最亲密的信徒里，有一个人背叛了他，是因为贪图赏金，要是折合成我们现在的钱的话，全部的赏金就只有 19 美元；还有一个信徒，在他遇到麻烦后公然背弃了他，还 3 次表白他根本不认识耶稣，还一边说一边发誓。出卖耶稣的人占他最亲密信徒人数的 1/6，这就是耶稣所遇上的事，为什么我们期望自己能够比他更好呢？

我在多年以前就发现，虽然我无法阻止别人对我做任何不公正的批评，可是我能为自己做一件更重要的事：我能够决定是否让自己受到那些不公正批评的干扰。

　　说得更清楚些，我并不是完全不理会所有的批评，相反，我所说的只是不理会那些不公正的批评。有一次，我就这个问题请教伊莲娜·罗斯福，问她是如何面对那些不公正的批评的——老天知道，她所遭受的可真不少。她有过热心的朋友和凶猛的敌人，这大概比任何在白宫居住过的女人所受到的都要多得多。她告诉我她很小的时候就很害怕别人说她什么。她对批评的害怕促使她去向她姨妈，也就是老罗斯福的妹妹求助，她对姨妈说："姨妈，我想做一件事，但是我怕会受到批评。"

　　老罗斯福的妹妹正视着伊莲娜的眼睛说："不要管别人说什么，只要你自己明白你是对的就行。"伊莲娜告诉我，当她多年后住进白宫，她姨妈的这点忠告，还一直是她的行事原则。应对所有不公正批评的唯一方式，是"只做你内心认为对的事，不必在乎别人的批评。"

　　已故的马休·布拉许，当他还是华尔街 40 号美国国际公司的总裁时，我问他是否对他人的批评很敏感。他告诉我："是的，我早年对别人对我的批评十分敏感。当时我急于让公司的每一个人都认为我很完美，要是他们不这样认为，我就会感到焦急和忧虑。只要哪个人对我有些怨言，我会想办法取悦他。可是我取悦了他，总会让另一些人感到不满。然后等我想去讨好这些人时，又会惹恼其他的人。后来我发现，我越是想讨好别人，就越会让敌视我的人增多。因此，我对自己说，只要你自己卓越超群，你就一定会受到批评，所以还是趁早习惯的好。这一点自我认识对我个人以后的发展有很大的帮助。从那以后我就决定尽自己最大的努力去做事，把自己的那把破伞收起来。让批评像雨水从身边流过，而不让它滴落在脖子里。"

狄姆斯·泰勒对待别人的批评更进一步，他不但任凭批评的雨水流下他的脖子，还为此哈哈大笑一番，并且当众如此。有个时期，每个星期日下午，他都会到纽约爱乐交响乐团举办的空中音乐会现场发表音乐评论消磨时间，有个女士写信给他，骂他是"骗子、叛徒、毒蛇和白痴"。泰勒在他写作的那本叫《音乐与人》中写道："我猜想这个批评我的女士只是喜欢听音乐，而不喜欢听乐评。"第二个星期的节目里，泰勒把这封信通过广播宣读给几百万的听众听——没过几天，他又接到那位女士的来信，再次被骂得狗血喷头。泰勒说："她仍坚持认为，我是一个白痴、骗子加叛徒。"这件事让我不得不佩服用这种态度来对待批评的狄姆斯泰勒。

林肯要不是学会了如何应对批评，恐怕他早就受不了内战时期的压力而崩溃了。他用自身经历写下的如何处理批评的方法，已经成为文学史上的经典题材。二战期间，麦克阿瑟将军就曾把这个方法抄下来，挂在他总部写字台后边的墙上。丘吉尔也把这段话镶在镜框里，挂在他的书房里。全文如下："如果我只是试着要去读——更不用说去回答所有对我的攻击，那么我这家店不如关门，去做其他生意。我尽我所知道的最好的办法去做，也尽我的所能去做，那么，即使花费十倍的力气来批评我是错的，那也是毫无用处的。"

第四章　友善的力量

生活在宾夕法尼亚州北华伦城的乔治·戴克，因为一条高速公路横穿过他的服务站而被迫提前退休。没有多久，他忍受不了退休的无聊日子，就开始靠拉他的那把旧提琴消磨时光。随后，乔治又到处旅游去听音乐，和很多修养很高的提琴家会面。他用谦和友善的处世态度，对每一位他遇见的提琴家和他们的背景产生浓厚的兴趣。虽然他本人不是什么伟大的提琴家，可他因此结交了许多提琴界的朋友。他还参加了很多提琴比赛。很快，美国东部的乡村音乐迷们都知道了"乔治叔叔"这个人了。当我们听到"乔治叔叔"的大名时，他已经有 72 岁的高龄了，而且每时每刻都在享受他的生命。由于乔治能持续地对他人产生一种兴趣，当绝大多数的人认为他们的时代已经结束时，他却为自己创造了一个新的生命。

有惊人成就的老罗斯福总统也深受人民的爱戴，这与他在平常的工作生活中和他人友好相处、关爱他人的生活习性密切相关。甚至连为他做日常服务的工作人员，也与他有深厚的感情。为他工作过的黑人侍从爱默士，在一本他自己撰写的《西奥多·罗斯福心目中的英雄》一书中，曾为人们讲述过一则感人的故事：

> 我从来没有看见过鹌鹑，有一次向罗斯福总统询问这种鸟的样子，总统不厌其烦、详细地为我讲解了多次。这件平凡的事过去没多久，一天，我家的电话突然响起来——当时，我和我妻子就居住在总统牡蛎湾住宅内的一间小房子里。是我妻子接的电话，打电话过来的是罗斯福总统，他在电话里告诉她，在我们家的窗外就有一只鹌鹑，要是我们有时间去看的话，就可以看到一直想了解的那种鸟了。

在日常生活工作中，关注每一件细小的事物，友善地对待每一个在自己身边的人，这正是罗斯福总统的人格魅力所在。爱默士在书里写道，当他经过我们屋子的时候，无论我们是否看到了他，我们总能够听到"嗨，爱默士""嗨，安妮"那让人亲切的打招呼声。

像罗斯福总统这样的人，在生活和工作中怎么会得不到他身边的工作人员的喜爱呢？谁又会在心理上去拒绝一个时刻关注自己的人呢？

老罗斯福总统在白宫任职的时候，真诚地对待身边工作的每一个人，甚至做杂务的女工，他也能够准确地叫出名字并问好。亚切·伯德在他的回忆录里有过这样的记录，有一天，离任的罗斯福总统去白宫拜会塔夫脱总统时，恰巧塔夫脱总统与夫人有事外出。

他看到在厨房里工作的女佣爱丽丝时，问她现在是不是还经常做玉米面包。爱丽丝告诉老总统，现在不经常做那种面包了，因为塔夫脱总统的家人都不爱吃，即使有时做一些，那也是为用人们做的。

罗斯福总统听后，用他洪亮的声音对她说："他们不吃，那是他们没有这样好的口福。我见到塔夫脱总统时，一定会告诉他，玉米面包是种美食。"

爱丽丝从厨房拿了块玉米面包给罗斯福总统，他边走边吃地向塔夫脱总统的会客厅走去，在经过园丁等工作人员身边时，向每一个人打招呼问好。

前总统罗斯福，那天和在白宫工作的每一个员工，打招呼并亲切地与他们交谈，就像他以前在白宫做总统时所做的一样。有一位老用人在回忆那天的情形时，眼含泪花地说："这是我这几年在白宫工作以来最快乐的一天了，这样令人愉快的经历，即使我们中有人想用金钱来换取，我也不会答应。"

著名哈佛大学校长依利亚博士，在日常生活工作中也有关心、爱护他人的良好习惯，因此，他赢得了哈佛大学里所有师生的欢迎与爱戴。下边就是依利亚博士处世待人的一个事例：

有一次，哈佛大学一年级学生列顿，去校长办公室领取 50 元贫困学生助学贷款。后来，他回忆说：

我拿到助学贷款后，内心充满感激，正当我要离开办公室时，依利亚校长叫住了我，他对我说："请坐会儿……我听说你经常在学生宿舍亲手做饭，要是你觉得那样做能够吃得好，我并不认为那是件不好的事，我自己在读大学的时候就曾经那样做。"我听了依利亚校长的这番话后感到非常惊讶。校长接着又对我说："你是否尝试过做肉饼，要是你能够把它弄得又熟又烂的话，那一定很好吃的，我在读大学的时候，就非常喜欢吃这个。"然后，他向我介绍了做这种美食的详细过程。

在生活中你也许做不了音乐家、总统、校长和代理商，但你的心情完全可以和他们一样。

第五章　微笑的力量

　　最近，我参加了一个在纽约举行的宴会，会上，有位不久前刚刚得到一笔遗产的妇人，身穿昂贵的貂皮大衣，身上装饰着珍珠和钻石，或许是想在外表上给人们留下好印象。然而她的脸上没有一点令人愉快的表情，显得自私而苛刻。她不知道，好的表情能够让一个女人显得更有气质，更会让男人倾心，这是单靠华丽的装扮所无法达到的。

　　司华伯对我说过，他的微笑值 100 万元。他想表达的也许就是这个道理。司华伯的人格魅力和出众的才能决定了他现在的成就，而他那让人心动的微笑，便是他最大的魅力。

　　有一天，我去拜访雪弗立，用了一个下午的时间。他不爱说话，和我以前所想象的完全不同，这让我从见面一开始就很失望。直到他露出微笑的一瞬间，气氛才活跃起来，若不是因为那一瞬间的微笑，雪弗立恐怕现在还在巴黎继承他父亲和兄长的行业，做一名木匠。

　　一个人的行动比言语更有影响力，人们面带微笑，就好像在说："我喜欢你，你让我感到愉快，能够见到你，我非常高兴！"

为什么狗这么招人喜欢？我相信，这也是出于同样的原因。它们如此喜欢亲近我们，它们见到我们的时候，那种开心的样子是发自内心的，一点都不做作，所以人们见到它们，也是同样愉快。

微笑也是一样。微笑应该是发自内心的，虚假的微笑是机械的，应付给别人看的，也就是我们常说的皮笑肉不笑，任何人都能看出那其中的虚假，并且深深地厌恶它。

纽约一家规模宏大的百货公司的人事部主任，对我谈起过这样的事情。他说他从来都不愿意雇用一个表情冰冷刻薄的博士，而宁愿雇用一个小学毕业证都没有拿到，但是有灿烂笑容的女孩。

美国一家很大的橡皮公司的董事长对我说，根据他的经验，一个人是否对自己的事业感兴趣，决定他能否在这项事业上取得成功。

"有些人是带着很大的兴趣开展一项事业的，他们对这项事业充满了信心和希望，所以，在一开始，他们能够取得一些成就；但是时间长了，他们逐渐感到厌倦和反感，对自己的工作再也提不起兴致，于是他们的成绩也逐渐下滑，并最终导致失败。"

你以令人愉悦的表情去面对别人，别人也会用相同的样子来对待你。

我曾经在学习班上向众多商界人士提出这样的建议：每一天，无论任何时候，无论遇到谁，都露出一个发自内心的微笑，一周后回到学习班讲讲自己的收获和感想。下面是在纽约证券交易所工作的司丁哈丹先生写来的信，他的情况并不特殊，甚至可以说是随处可见的。

我结婚已经18年了，这18年来，每天早上，我从起床到离开家去上班的这段时间里，从来没有对我的老婆展现过笑容，也不会说什么。

　　你让我们就"微笑的力量"做演讲，于是我就按照你所说的，试着做了一星期。一天清晨，我对着镜子洗漱的时候，看见自己冷漠的脸，我对着镜子提醒自己："皮尔，你的脸硬得像石头，你今天必须松开你的眉头，露出笑容来，现在，立刻就要做到。"吃早餐的时候，我面带温和的笑容，亲切地对我的老婆说："亲爱的，早上好。"

　　你曾经说过，当我们这样做的时候，我们身边的人一定会感到很惊讶，但实际上，他们不只是惊讶。那一刻，她觉得非常疑惑，呆住了，我知道，那是因为我的表现给她带来了出乎意料的快乐，这是她长久以来所期待的。这两个月，我家的气氛和以前大不一样了。

　　现在，每当我到办公室去，坐电梯时，都会向电梯员微笑问好，对司机和银行柜台的工作人员也是如此。在交易所里，见到那些素不相识的人，我也一律致以真诚的微笑。

　　没过多久，我发现每个人见到我时，也面带笑容了。我以温和关怀的态度对待前来向我诉说烦恼的人，在不知不觉中，他们遇到的烦心事也变得不是那么难以解决了。我发觉微笑给我带来了丰厚的财富，数之不尽。

我的办公室是和另外一个经纪人合用的，他雇用了一个优秀的年轻职员，自从我学会了微笑待人，那个年轻职员也逐渐亲近我了。这一切让我感到快乐和自豪，所以我也向那个年轻人讲解了人际关系学这一新的处世哲学。那个年轻职员曾经对我说，他刚刚到这个办公室工作时，觉得我是一个严厉而且坏脾气的人，而最近，他已经完全改变了对我的看法。他说："你笑起来的样子很亲切，我也要学着不再批评指责别人，而多多去赞美别人。我再也不会只表明自己的需求，而是学会站在别人的立场思考问题。环境的变化让我的生活也发生了变化，现在我比以前更加快乐富有，好像重生了一般。"

　　你要牢牢记住，这封信是一位出色的股票经纪人写的，他有丰富的阅历。如果想在纽约证券交易所以买卖证券谋生，没有足够的专业知识是做不到的，很少有人能胜任这项事业，100 个人中有 99 个会被淘汰。

　　你觉得很难笑出来吗？那该如何是好呢？你不妨试试以下两点：一是强迫自己微笑，一个人待着的时候，哼首歌，吹一下口哨，让自己放松、愉快起来；即使你不快乐，也假装很快乐，慢慢地你就会真的愉快起来了。哈佛大学有一位已经去世的教授，名叫詹姆斯，他说过以下的话：

　　　　一个人的行动应该跟随着他自己的感受。但实际上，行动和感受是并肩而行的。所以，当你想快乐起来时，可以强迫让自己快乐起来，这样就真的可以快乐起来了。

　　每个人都想得到快乐，都在寻找得到快乐的方法，有一个方法可以让人快乐起来，那就是明白快乐是发自内心的，不是外界给予的。

　　无论你现在拥有什么，无论你是谁，身处什么境地，也无论你的职业是什么，只要你真的想快乐，你就可以快乐起来。现在有这样的例子：有两个人，他们的职业和地位都相同，薪水也一样，但其中一个过得轻松快乐，另外一个却总是满脸忧愁，这是为什么呢？很简单，他们各自的心情不一样。

　　莎士比亚曾经说过这样的话：好的东西和坏的东西本来是没有区别的，只是因为每个人的想法，让它们有了不同。

　　林肯也这样说过："人的意念决定了他们是否快乐。"他的话很对，最近，我为这句话找到了一个验证的例子：

　　有一次在纽约，我正沿着长岛车站的岩石阶梯向上走时，我前面不远的地方有三四十个行动不便的残疾儿童，他们正用手里的拐杖很吃力地沿着台阶一级级攀登，有的甚至还需要别人抱着才能上去。可那些残疾孩子脸上充满了快乐的欢笑，这让我感到非常震惊。

　　在这不久之后，我找到了管理这些孩子的学校老师，在谈及那件事情对我的感受时，这位老师对我说："当然，在一个小孩子意识到自己将要终身残疾时，他内心会感到难受与不安。可在这种不安和难受过去之后，他

也只好听天由命地继续在将来的生活里寻找快乐。就像
现在这样，他们的快乐并不比一个行动正常的儿童少。"

这件事给了我深深的触动，让我从内心对这些残疾孩子保持
了永久的敬意，因为他们给了我一个难以忘怀的教训。

毕柯夫特准备与梵蓬柯离婚的那段时间，有一个下午我与她待
在一起。当时人们也许觉得她会因此心情复杂、难受，但事实并非
如此，那个下午在我面前的她依然神情镇定而安详，心情也同样愉
快。她是怎样做到的呢？那就是，事情既然已经如此，自己就没有
必要去自寻烦恼，而应该忘记这一切，在心底寻找快乐。

当今美国最成功的保险商人伯格，过去是一个棒球队里的三
垒手，他事业成功的诀窍是微笑。他发现对他人微笑的人永远会
受到他人的欢迎。这些年来，伯格已经养成了进入办公室前，在
门外停留片刻的习惯，他利用这个短暂的时刻在记忆里找出让他
心情愉快的一两件事，直到他脸上浮现出一丝发自内心的微笑，
才走进办公室。

因为他相信，对他人微笑虽是一件微不足道的小事，但与他
从事的保险业务工作有莫大的关联，甚至能够帮助他在业绩上取
得巨大的成就。

现在，让我们再看一下哈巴德为我们提供的，关于在日常生
活、工作中与人相处的建议——千万不要忘记，学习这些之后，
你必须在日常生活当中灵活地实施，否则只能是纸上谈兵。他的
建议如下：

每天，从你走出自己家门的那一刻开始，抬头挺胸，把你的下巴往里收，让你的胸腔肺叶里充满新鲜的空气。每当你遇见一个朋友，与他握手时，必须全神贯注地把你的祝福与爱倾注于你的手掌里。不要怕他人误解，不要想那些让自己不愉快的事情，更不要让和你敌对的人进入你的意识中，就这样，认真地跟你的朋友握手。

　　一定要在内心确定你喜欢做的是什么，之后，勇往直前地行动起来。只有你集中全部的精力在自己喜欢的事业上，在以后的岁月里，你才会发现所有的机会都没有从你的手中溜走。

　　要时刻把自己当作一个有能力做好一切事情，对待他人诚恳热心又有益于整个社会的人。只有这样，你才会时刻提醒自己改掉身上不良的习性，将自己逐渐地改造成一个充满魅力的人。你还必须知道，个人的心理暗示能够形成一股强大的力量。

　　在生活中要让自己始终保持一种诚实、勇敢、乐观的良好心态。因为良好的心态，能够启发人的创造力。理想和欲望成就了很多事情，凡是你真正想要并且为之努力，都会有所收获。所以，要放松心态，相信自己的力量。

中国古人有无限的智慧，他们说过很多格言，其中有一句，你甚至应该将它写在帽子里面，以便随时能够看到，这句格言是"不笑莫开店"，意思是：如果你不能面带笑容，那么千万不要开店。

谈到开店，弗雷克·依文在考林公司工作时，曾为他们写出过这样几句富涵深刻哲理的广告词：

在圣诞节露出微笑，

这让你付出很少却得到很多。

这让得到它的人受益匪浅，付出的人也毫无损失。

它转瞬即逝，带来的美好却是永恒的。

富人需要它，穷人因它致富。

微笑为家庭带来欢乐，为交易带来良好气氛。它让疲劳的人得到安慰，让失去信心的人得到力量，让悲伤的人得到幸福，让天地豁然开朗，它买不着、要不来、借不到，想偷都不知道去哪里偷。你不给予，没有人会得到它。

圣诞节最后的忙碌时间里，我们的店员也许是因为太累了，来不及把他们的微笑送给你，那么，你是否愿意将自己的微笑留给他们？

因为没有给他人微笑的人，自己更需要他人的微笑。

所以如果你想让人人都喜爱你，你要做到的是——

微笑！

第六章　记住别人的名字

1898 年，在纽约郊外的洛克雷镇发生了一桩悲剧。那一天，村里给一个去世的小孩举行葬礼，全村的人都准备去送葬。惠阿雷也是送葬行列里的一员，他到自家马棚牵出一匹马，因为那时正是冬天最冷的时候，雪下得很大，马被关在马棚里好几天，所以一被牵到外面，就在地上打转撒欢，高高抬起两条前腿，惠阿雷想驯服马，却一不小心被马踢到，倒在地上死了。就这样，那一个星期里，洛克雷镇举办了两场葬礼。

惠阿雷身后没留下多少遗产，他的妻子和 3 个孩子只得到了几百元的保险金。

当时，惠阿雷的长子吉姆只有 10 岁，家庭的贫困促使他去一家砖厂工作。他把泥沙搬运到砖瓦模里，压成型，然后，再运送到烈日下晒干。因此，吉姆失去了接受更多教育的机会，但他血脉里爱尔兰人豁达开朗的性格，让周围的所有人喜欢上他。

这个从来没有上过初中的人，在 46 岁的时候，却已经被 4 个大学授予了荣誉学位；他还曾当选过民主党全国委员会主席、出任过美国邮政部长等职务。

出于好奇，我曾专程拜访他，并请求他告诉我他成功的秘密所在。他简洁明了地用四个字告诉了我："能够吃苦！"当然我不会对他的回答满意，于是，我对他摇着头说："你在开玩笑，吉姆先生！"

见我这样说他就反问我："卡内基先生，那么你认为我成功在哪儿呢？"

"我知道你，吉姆先生，你有种神秘的能力，可以随口叫出1万个人的名字。"

"不，卡内基先生，你错了！"他更正我的话说，"我现在至少能随口叫出5万个人的名字。"

不要对吉姆有超人的记忆力感到惊奇，他正是靠这种能力，帮助罗斯福进入白宫做总统的。

在吉姆还是一家公司的推销员时，他还兼任洛克雷镇的公务员，那个时候，他就为自己创立了一套记住他人名字的方法。

吉姆的这套方法使用起来并不复杂。那就是，每当他认识一个新朋友的时候，问清楚对方的名字，家里有几口人，那个人的职业以及他的政治观点，然后，把这些情况牢记在脑海里。在下次再见到这个人时，即使这次见面是在1年之后，他也能够拍着这个人的肩膀，询问对方的妻儿，甚至那人后院花草的情况。

在罗斯福竞选总统的活动开展前的几个月里，吉姆每天都要写好几百封信，给自己遍布美国西部和北部各州的朋友。随后，他又在19天内，搭乘火车走遍全美20个州，行程1.2万英里，以马车、汽车、轮船代步。他每到一个地方，都要找熟人、朋友一起吃早餐或午餐，喝茶或吃晚饭，做一次极为诚恳的谈话后，再踏上下一站的旅程。

吉姆一回到东部，就立刻写信给他这次旅程经过的每一个城镇里的朋友，向他们索要一份所有与他谈过话的人的名单。然后整理出来，按照这份名单，给成千上万的新朋友每人写一封私函。这些信件都是以"亲爱的xx"开头，结尾处总签上"您的朋友：吉姆"。

吉姆早年就在与他人交往时发现了一个秘密，那就是：所有人对自己的名字，比对地球上所有的名字加起来还要感兴趣。记住他人的名字，并且能在见面时轻易地叫出来，这就等于给对方一个巧妙有效的赞美。如果把一个人的名字写错，或者叫错，这不但会让对方感到难堪，而且还让自己处在非常不利的位置。

第七章　尽快同意反对你的人

北卡罗来纳州王山的凯瑟琳·亚尔佛瑞德是一家纺纱工厂的工业工程督导员。她谈到自己在接受训练前后处理敏感问题的不同时说：

我的一部分职责是设计和保持各种激励员工努力工作的办法和标准，以使作业员能够生产出更多的纱线，也让她们从中能赚到更多的钱。在我们只生产两到三种不同纱线的时候，我们所用的办法效果还很不错，但是，最近我们扩大产品项目和生产能量，以便生产十二种不同种类的纱线，使用原来的办法便不能以作业员的工作量而给予她们合理的报酬，因此也就不能激励她们工作的积极性。我已经设计出一个新的办法，就是根据每一个作业人员在任何一段时间里所生产出来的纱线的等级，来给予她适当的报酬。设计出这套新办法之后，我参加了一个会议，决定要向厂里的高级职员证明我的办法的正确。我详细地说明他们过去用的办法是错误的，并指出他们不能给予作业员公平待遇的地方，以及我为他们所准备的解决方法。但我完全失败了，我太忙于为我的新办法辩护，而没有留下余地，让他们能够不失面子地承认老办法上的错误，这使我的建议胎死腹中。

参加了这个成年人训练班的几堂课后，我终于明白了我所犯的错误。于是，我请求召开另一次会议，在这一次会议上，我请他们说出问题到底出在什么地方。我们讨论每个要点，并请他们说出最好的解决办法。在适当的时候，我以低调的建议引导他们按照我的意思把办法提出来。等到会议终止的时候，他们却很高兴地接受了我提出的方法。

现在我深信，要是率直地指出某一个人不对，不但得不到好的效果，而且还会给人造成很大的伤害。你指责别人时，不只是伤害了别人的自尊，同时也会使自己成为不受欢迎的人。

纽约自由街 4 号的麦哈尼，专门经营石油作业者使用的特殊工具。他得到了长岛一位重要顾客的一批订单。设计图纸送呈上去后得到了肯定，工具开始制造。接着，一件不幸的事情发生了。那位买主和朋友们谈起这件事时，他们都警告他犯了一个大错，他被骗了，一切都错了，工具设计得太宽了、太短了，他的朋友们把他说得很恼火。于是买主打了一个电话给麦哈尼先生，发誓绝不接受已经开始在工厂制造的那一批器材。

麦哈尼事后说：

我仔细地查验过了图纸，明确地知道我方无误。我知道他和他的朋友们都是无知妄说。可是我觉得，要是这样告诉他，将会很危险。于是，我到长岛去见他，我刚走进他的办公室，他立刻跳起来，一个箭步朝我冲过来，话说得很快，也非常激动，一面说一面挥舞着拳头，好像要打我似的。他厉声指责我和我的器材，最后说："好啦，你现在看怎么办吧？"

我非常冷静地告诉他，我愿意照他的所有意思去办。"你是花钱买东西的人，"我说，"你当然应该得到合你心意的东西。可总得有人负责才行吧。要是你认为自己是对的，请给我另一幅制造图纸，我方虽然已为此花了两万美元，但我们愿意负担这笔损失费用。为了让你满意，我们宁可牺牲两万美元。不过，我得事先提醒你，这次要是我们照你坚持的做法施工，你必须负起这个责任。可如果你放手让我们照原定计划进行的话，我相信原计划才是对的，那我们可向你保证一切由我们负责。"

这时他平静了下来，最后对我说："好吧，那就按照计划进行，但不要是错误的。让上帝保佑你吧。"

结果我们没有错。后来他答应我，在本季度再向我订两批相似的货。

当那位客户侮辱我，在我面前挥舞着拳头，说我是外行的时候，我真的需要最高度的自制力才不致和他发生争论，来维护自己的尊严。但事情的结果证明这样做是值得的。要是当时我直率地说他错了，与他一开始就争辩起来，就很可能要打一场官司，我们多年来培养的业务感情就会破裂，除了要损失一笔钱，更重要的是失去一位重要的客户。的确是这样，现在我深信，指出别人错误是不划算的。

下边是第二个例子——千万记住，我所举例的情况，你随时会在生活工作中遇到。这些年来，纽约泰洛木材厂的推销员克劳雷，一直在说木材检验员的错处，每次与检验员的争吵都获得了胜利，除此之外就再也没得到过什么好处。他还因为好争辩的缘故使得木材厂蒙受了上万美元的损失。后来，他来我的学习班学习后，决定改变他喜欢争辩的习惯，那么结果怎么样呢？以下是他提供的一份报告：

　　一天早上，我办公室的电话响了，是一个愤怒的顾客打来的，他在电话里告诉我，我们送去的木材完全不符合他的要求。他已经命令员工停止卸货，并在电话里要求我立即设法把木材运走。事情是这样，当他们在卸下1/4木材货物时，他们的木材质检员说，木材在标准等级以下的有55%，在这样的情况下，他们当然拒绝收货。
　　在得知这种情况后，我立即动身前往他的工厂。在去的路上，我就在心里盘算着怎么处理好这件事。若是平常遇到这种事，我会引证木料分等级的各项条款，以及我从事木料检验员多年的经验和常识说服那位检验员。我很清楚这次送去的木料是完全符合标准的，出现这样的情况是由于那个检验员判断上的失误。可是，在处理这件事情上，我还是运用了从学习班学到的与他人有效交往的方法。

到了那家木材加工厂后，我发现他们的采购员和质检员非常不友善，好像准备好用谈判的方式和我交涉。我随他们到卸木料的场地，要求他们继续下货，以便我看看不合格的木料。我请质检员把他认为合格的与不合格的分放两处。

经过一阵观察，我发现问题出现在这个质检员身上，他的检查似乎过于严格，而且弄错了质检规则。这次送的木料是柏松，我知道这个质检员学习过关于硬木的知识，但对于柏松并不是内行。至于我自己，则对柏松知道得很清楚，可是，我是不是应该对这个业务不熟悉的质检员发火呢？不，绝对不会。我只是观察他如何检验，试探地问他那些不合格的原因所在。当时我没有任何暗示或指责他使用的方法是错的。我只是做这样的表示——为了今后送木料时不再发生错误，因此才不断地向他请教。

我用积极友好的合作态度和他进行交流，同时还称赞他做事谨慎、能干，说他找出不合格的木料是对的。这样一来，我和他之间的那种紧张气氛渐渐消失了，关系变得融洽起来。我会极其自然地插进一句经过我郑重考虑的话，使他们自己觉得那些他们认为不合格的木料，应该是合格的。因为我说得小心含蓄，所以他们知道我不是故意这么说的。

慢慢地质检员的态度改变了。最后他向我承认，自己对于柏松这种木材检验的知识，知道得并不是太多，并开始向我请教。于是，我便跟他解释，怎样的柏松才是合格的木材。同时，我还向他们表示：如果这次的木料不合格，他们一样可以拒绝收货。最后，他发现错在自己，原因是他们并没有在订货时说清楚他们对木料的要求。

我走后，这位质检员重新检验了所有的木材，而且全部接收下来，与此同时我也收到了一张即期支票。

从这件事可以看出，与他人相处，只要运用恰当的谈话技巧，在对方出现错误时，不直接指出他的错误所在，就能够有很好的效果。在处理木料事件时，我就是这样做的，不但为公司节省了大笔的金钱，最重要的是赢得了客户的好感，而后者是无法用金钱衡量的。

有人问和平运动者马丁·路德·金，为何如此崇拜美国当时官阶最高的黑人军官丹尼尔·詹姆斯将军。金牧师回答："我判断别人是根据他们的原则，不是根据我自己的原则。"

同样，在美国南北战争期间，罗伯特·李将军有一次在南部联邦总统杰佛生·戴维斯面前，以极为赞誉的语气谈到他属下的一位军官。在场的另一位军官大为惊讶。"将军，"他说，"你知道吗？你刚才大为赞扬的那位军官可是你的死敌呀！他一有机会就恶毒地攻击你。"

"是的，"李将军回答说，"但是总统问的是我对他的看法，不是问他对我的看法。"

对啦，在这一章我并没有讲什么新观念。2000 年前，耶稣就提醒说："尽快同意反对你的人。"

4000 年前的一天下午，埃及阿克图国王在酒宴中对他的儿子说："平和一点，它可使你予求予取。"

换句话说，不要跟你的顾客、丈夫或对手争辩。别说他错了，也不要刺激他，而要运用一点交际手段。

第八章 认错的妙用

我住的地方几乎位于纽约城的中心地带，出门步行一分钟左右，就到了一片树林。每年春天的时候，那里鲜花盛开，松鼠在树上筑巢养育孩子，马尾巴草长得差不多有马头那么高，人们给这片完整的树林取了个名字叫"森林公园"。

那的确是一座漂亮的森林，我常常带着我的那条名叫"雷克斯"的小狗去那里散步，它是条受过良好训练的小狗，由于来这个公园的人很少，所以我经常不需要给雷克斯系皮带、戴口笼。

有一次，我和雷克斯在公园里散步时，过来了一个骑警，这是个急于显示自己职权的人。当他看到我和雷克斯时，便大声地对我说："你不给这条狗戴口笼，让它在这里到处乱跑，难道你不知道这是违反法规的吗？"

我态度温和地对他说："是的，我知道，但是我想，在这里，它还不至于伤害到他人。"

那个骑警把头昂得高高地说："你想？不至于？可是法律才不会管你怎么想。你的这条狗也许会伤害这里的松鼠，也许会伤害到来这里玩耍的小孩。这次我可以不罚你的款，不过下不为例，否则的话，就要重罚你了。"

我点了点头，答应照他的话去做。

我是真的听从了那个骑警的话，但只照做了几次。因为雷克斯不喜欢带口笼，我自己也不太愿意给它戴上那东西，所以我决定碰碰运气。刚开始时什么事都没有发生，但我和雷克斯终于还是再次和那个骑警遇上了。那天，雷克斯跑到公园里的一座小山上，朝前方看，一眼就看到了那个骑警，它可不知道我和骑警的事先约定，在我面前又蹦又跳，还朝那骑警冲了过去。

这下，我知道事情坏了，所以我不等那骑警开口说话，就自己主动认错了："很对不起，警察先生，我愿意接受你的处罚，因为上次你就说过，在这里，狗不戴口笼是犯法的。"

可没想到的是，那个骑警反而用温和的口气对我说："现在我明白了，在没有人的时候，带一条狗在公园散步是一件很有意思的事情。"

我只能苦笑着说："是的，这是件很有意思的事情。只是，我已经触犯了法律。"

那骑警却为我辩护道："像这样一条哈巴狗，不可能伤害到人的。"

这时我却显得很认真地说："可是它会伤害到小松鼠的！"

骑警听我这么讲，就回答说："那你把事情想得太严重了点，我告诉你怎么做吧：你让这个小家伙跑过这个小山包，不让我看见就行，这事就过去了。"

骑警作为一个普通人，他也需要被他人尊重的那种感觉。当我主动承认错误时，他唯一能够体现出自己尊严的方式，就是对我采取一种宽容的态度，以便来显示出他的仁慈。

要是那时我和那骑警争辩的话，那结果就会完全不同了。

在这件事上我采取不和他争辩，自己主动承认错误的做法是完全正确的。因此在心理上，我得迅速、坦白地承认自己的错误，事先把他要和我说的话讲出来，这样反而让他替我辩护，事情也就很圆满地结束了，他也不会再用法律条文来吓唬我了，而且也不像上次那样对我那么严厉了，这次，他完全宽恕了犯错的我。

如果我们已经知道了自己一定要受到责罚，为何不先求得自责的机会，说出自己的错误所在，那不是比从别人嘴里说出要好受得多吗？

如果我们在受到责备前，就迅速地找机会承认自己的错误，对方想对我们说的我们已经替他说了出来，那他就没有什么可说了，这样，我们就有99%的机会获得他的原谅，正如那个骑警对我和雷克斯那样。

华伦是个商业画家，他就使用了上面这种处事方法，赢得了一个粗鲁无礼的顾客的好感。他在培训班讲述了事情的经过：

在为广告商和出版商画画的时候，精确无误的技术相当重要。

有的编辑要求立刻完成他们交代的事项。这样的话，很难避免在绘制图画时犯一些细节上的小错误。在我所认识的人当中，有一个负责美术方面的客户，最喜欢鸡蛋里挑骨头，因此我经常和他闹得不欢而散。问题不是因为这个美术编辑的批判和挑剔，而在于他所指出的所谓的毛病并不恰当。

一次，我交完画稿，不一会就接到他打来的电话，要我立即去见他。不出我所料，他正满面怒容地等着我。我突然想起学习班教我的"主动承认错误"的这招，所以我马上对他说："先生，我知道您不高兴了，这是我工作上无可宽恕的疏忽，我给您画了那么久的画，应该知道怎么去画才是……我感到很惭愧。"

这个美术编辑听我这样说，马上就为我辩护起来："是的，话虽这样，但是总体还是不错的……只是……"

"不管程度怎样，"我打断他的话说，"总会受到影响的，读者看了会不顺眼。"他想插嘴进来，但我不想让他说，这也许是我平生第一次自我批评吧，所以我很愿意自己那么做。于是我接着说："平日您照顾我那么多的生意，我应当加倍努力完成您所需要的东西。这幅画我带回去，马上重新画。"

这时，他摇着头对我说："不，不，我不想浪费你的时间。"接着，他开始称赞我，并且还很实在地对我说，他所需要的只是做一个小小的修改。他同时向我表示，这个微小的错误不会对他的公司有什么损害。这是件细微的事情，还让我在这件事上别太在意。

鉴于我急切的自我批评，本来怒气冲天的他消除了愤怒。最后，他还邀请我共进午餐，在我们分手前，他签了张支票给我，还给了我另一份工作。

愚蠢的人只会在自己犯错时，尽力地为自己所犯下的错误进行申辩，而一个主动承认自己错误的人，却能让他出类拔萃，并给对方一种尊贵和品德高尚的感觉。

美国历史上有一个这样的例子：

南北战争的时候，南方李将军将匹克德在葛底斯堡战役的失败归咎到自己身上，进行自我检讨，这是他做过的最完美的事。匹克德的那次冲锋战是西方战争史上最为光荣、生动的战役之一。匹克德是个风度翩翩、长相英俊的年轻人。他留有一头赭色的披肩发，就像拿破仑当年在意大利战役中那样，除了作战，他每天忙着写他的情书。

在那个惨痛的 7 月，一天下午，他意气风发地骑着他的战马奔向联军阵地，那英武的姿态赢得了他旗下所有士兵的喝彩，大家都跟随他向着前线挺进。北方联军远远地看到这样的军队，也不由得发出低低的赞叹声来。

匹克德率领他的部队迅速地向前推进，他们经过果园、农田、草地，越过峡谷，即使北方联军的炮火朝他们猛烈地袭来，他们仍然英勇地向前推进。

突然间，埋伏在墓园石墙隐蔽处的北方联军从匹克德军队的后面一涌而出，把他们包围了，北方联军用步枪不停地对毫无准备的匹克德军队开枪射击，顿时，山顶火光四起，有如火山爆发那样。短短的几分钟内，匹克德所率领的 5000 军队，几乎损失掉了五分之四。

匹克德率领他的残余部队，越过石墙，用军刀挑起自己的军帽并激励他的士兵前进：

"兄弟们，冲啊！"

顿时，军队士气大增，他们越过石墙，与北方联军短兵相接，经过残酷激烈的肉搏战后，匹克德率领的南方军队将他们的战旗插上了山顶。

南方军队的战旗高高地飘扬在山顶上，虽然时间非常短暂，却是南方盟军与北方联军作战以来，取得的最好战绩。

虽然匹克德和他所率领的残余部队在这场战役上赢得了人们对他们光荣、英勇的普遍赞誉，可是这也是南方统帅李将军军事生涯结束的前奏。因为李将军知道他的军队再也不能深入北方了。

南方军队战败了！

李将军统领的南方军队受到了重创，他怀着悲痛懊丧的心情向南方同盟的领导人戴维斯总统提交了辞呈，请总统另外委派"年富力强的人"前来领导南方军队。假如李将军将匹克德的惨败归罪于其他人的话，他可以随便找出十几、二十个，甚至上百个理由来，他随口就可以举出例如师长不尽职责、后援来得太迟、炮兵部队没有及时跟进协同步兵作战等。

但李将军没有将责任推卸给他人。当匹克德率领他残余的部队回来时，他一个人骑着马去迎接了他们，令人肃然起敬地自我批评说："这次战役的失败，我应该担当全部的责任。"

在人类战争史上的著名将领中，很少有人拥有李将军这份勇气和品德，敢于坦荡地承认自己军事决断上的错误。

赫巴特是个对他的读者极具煽动性的作家，但他文章里讥讽性的词句经常会引发人们对他的不满。赫巴德有他自己一套为人处世的技巧，他经常能够让仇视他的人一下子就成为朋友。

例如，当有愤怒的读者写信批评他的作品时，赫巴特会回信说："你说得对，在我看完你的信件，自己仔细思量之后，连我自己也无法全盘地赞同自己那时的想法。昨天写的这些，到今天我看后自己也不以为然。我现在很想知道你对这个问题的具体看法，如果下次你到了我家附近，我很欢迎你来我这里做客，这样一来我们就可以就这个问题进行深入探讨。"

要是你收到一封这样的信，你还能说些什么呢？

如果我们做对了，我们就要巧妙婉转地让他人赞同我们的观点。可是如果我们错了，就得迅速、坦白地承认自己的错。在日常生活当中灵活地使用这种自我批评的方法，不但能够获得我们意想不到的结果，而且在若干情形下，比为自己所犯下的错进行辩护有趣得多。这就是认错的妙用。

别忘记古人用经验教训换来的这句话："争夺，不会让你获得更多。可是当你谦让时，你却能够获得比你所期望的更多。"

第四篇

学会宽容与感恩

第一章　未寄出的信件

　　1865 年 4 月 15 日，星期六，清晨，身体消瘦的林肯总统躺在公寓一间家具简陋的卧室里。这个公寓，就在他遭遇枪击的福特剧院的对面。在卧室靠墙的床的上方，挂着一张复制的油画"群马展览会"，一盏煤气灯散发出幽暗昏黄的光。

　　在林肯总统即将去世前，陆军司令斯坦顿心情沉重地说："躺在这里的，是全世界有史以来最完美的领袖。"

　　我曾花了 10 年左右的时间来研究林肯总统待人成功的秘诀，仔细地在他一生的事迹里寻找，与此同时，我还用了 3 年的时间，撰写了一本关于他的书籍，我为这本书取名为《人性的光辉》。

　　我能够自信地说，我已经把有关林肯总统的人格，以及他家庭生活的研究工作，做到了任何人所尽力能做到的极限了。我还特别从林肯事迹中找出他待人的方法，做了详尽的分析。林肯总统一生中有没有发生过随意批评指责别人的事情呢？肯定有，那是在印第安纳州的鸽溪谷，那时他还年轻。他不但批评过，而且还写信和讽刺诗嘲笑他人，他把自己写好的东西，放到别人的必经之路上去，其中有一封差点使他惹祸上身。

林肯在伊利诺伊州的春田镇做了挂牌律师之后，曾在当地的报纸上发表文章，公然嘲讽与己敌对之人，不过也是仅此一次而已。

1842 年秋季，年轻的林肯在《春田报》上刊登一封匿名信，讽刺一个名叫西尔兹的爱尔兰政客，这封公开信引得全镇人捧腹。西尔兹是个极为敏感和自尊心很强的人，这件事情让他感到愤怒。他来到报社查寻写信的人，当他得知是林肯所为后，他立即找到林肯，要求用决斗的方式来维护自己的尊严。

林肯从来就是个不喜欢打架的人，更反对用决斗的方法解决问题，可为了顾及自己的颜面，他还是答应了西尔兹。林肯早年曾和一个西点军官学校毕业的人练习过刀术，他的手臂很长，他选择马刀作为自己的决斗武器。到了约定决斗的那天，林肯和西尔兹来到了密西西比河的沙滩上，准备为彼此的尊严生死一战。在决定生死的最后一分钟，双方的朋友成功地劝阻了这次决斗。

这件事对林肯来说，是极其恐怖的经历，也给了林肯在待人艺术方面一次极为宝贵的教训。自此以后，林肯再也没有写过侮辱他人的公开信，更不用说做出其他嘲讽他人的事情了。

美国南北战争时期，因为波托麦克军队与南方军队作战时经常吃败仗，林肯不得不更换统帅军队的将领。每一次失败都会令林肯心情沉重，经常一个人在房间里来回踱步。每当在这样的时刻，几乎所有人都会指责那些打了败仗的将领，唯独林肯面对那些将领时，始终保持着平和的态度。他一生最喜欢的座右铭是："不要轻易地评议他人，这样就会免遭他人评议。"

每当林肯的妻子与他人用刻薄的语言谈论南方人的时候，他就会规劝他们："请不要这样批评他们，在相同的情况下，我们也许会和他们做同样的事。"

1863 年 7 月 4 日晚，南方同盟军在罗伯特·李将军的率领下，开始向南边撤退。当时正值雨季，全美雨水泛滥成灾，当罗伯特·李将军带着他溃败的军队撤退到波托麦克时，密西西比河因为连续降雨开始暴涨，令他们无法渡河，而在南方同盟军的后面是乘胜追击的北方联军。前有洪水，后有追兵，这样就让罗伯特·李与他的军队处于进退维谷中。

林肯知道这是歼灭南方同盟军、俘虏罗伯特·李将军、结束这场战争的绝好时机。他满怀希望地命令联军司令格兰特，无须召开军事会议，当机立断地对罗伯特·李所率领的残余部队进行攻击。林肯先拍电报发出进攻命令，随后又派遣特使督促联军司令格兰特采取行动。

可是在这个绝佳时机，联军总司令格兰特将军又是怎么做的呢？他采取了与林肯总统的命令截然相反的行动，他先是召开军事会议，而后在行动方案做出来时，还犹豫不决。他找了无数个借口致电林肯，并拒绝对罗伯特·李将军溃败的军队采取军事行动。结果，洪水退去，罗伯特·李将军带着他溃败的军队，顺利地从波托麦克顺利渡河逃到了密西西比河的对岸。

林肯得知这个消息后，愤怒到了极点，他对着自己的儿子罗伯特大声喊道："我的上帝啊，格兰特他到底干了些什么？罗伯特·李的军队已经被我们包围，我们只需伸手就可以把他们抓住。在这样有利的形势下，任何一个人带领一支军队都能够把罗伯特·李的军队消灭掉，即便是我这样不懂得打仗的人也是能够做到的。"

林肯怀着沉痛和失望的心情，写了封信给格兰特将军。1863
年的这段时间，是林肯一生中极其传统、遣词用句又非常小心谨
慎的时期，因此，这封出自林肯手笔的信，应该是那段时间里对
人最严厉的斥责了。信的内容如下：

我亲爱的将军：

我相信你没有意识到李将军逃脱所引起的严重不幸。
本来他已经在我们的掌控之中，要是能够将他俘获，加
上近来联军在其他战场上获得的胜利，这场战争本该已
经结束了。

可是由于你贻误战机，依照现在的形势来推断，这
场战争将无限期地拖延下去。上星期一，在那么有利的
时机里，你不能顺利地歼灭罗伯特·李与他的军队，今
后你又怎么能够呢？现在我已经不再期望你在以后的战
事中会有什么作为了，因为歼灭罗伯特·李与他的军队
的黄金机会已经失去，对此我感到无比地痛惜。

请你猜测一下，当时的联军司令格兰特阅读此信后会有什么
感受？

事实上，这个联军司令官并没有看到这封信，因为林肯压根
没有将它寄出去。林肯去世之后，这封信才在他文件里被发现。

对于林肯为什么没有把信寄出，我有自己的一种猜测，那就
是林肯写完这封信后，从桌案前抬起头凝视窗外喃喃自语：

哦，慢点，也许我不应该如此匆忙地把这信寄出，我每天待在后方安静的白宫里，向格兰特下达进攻的命令，这是轻而易举就能够做到的事。假如我和格兰特一样在葛底斯堡前线，见到遍地血腥，听到伤兵的悲号哀吟，或许我也不会急于发动进攻。如果我也有格兰特那样谨慎的个性，也许我在那里所做出的决定也会和他一致。

现在既然已经失去了结束内战的最佳时机，一切都无法挽回了，要是我为了发泄自己内心的不快与愤怒，把这封信寄出的话，不但照样于事无补，而且，格兰特在看完我的信件后，也一定能够找到借口为他丧失掉战机辩护。在这种情急的情况下，他也一定反过来指责我，而造成我们将帅失和，影响到他在军队里的威望，也许还会因此使他辞掉联军司令之职。那后果就不堪设想了。

我坚信这一幕在林肯那里肯定存在，他写好信后，没有立即把信件寄出，而是把它放在一旁，检讨自己。因为他通过以往的痛苦经验总结得很清楚，越是尖锐的批评与斥责，越是无法取得自己想要得到的结果。

罗斯福总统在回忆中这样说过，在他担任总统期间，每当他遇到让自己头疼的问题时，他就会把身体往椅背上靠去，仰着头朝挂在写字台上方那幅林肯巨大的油画画像看去。他一边凝视着林肯的画像，一边这样问自己："要是林肯也同样处在我这种困难的境地，他会怎样来处理呢？他又会怎样解决掉眼前的这个问题？"

著名作家马克·吐温经常因为一些小事大发脾气，写信指责他人，火气大的足够可以把信纸烧掉。一次，他回信给一个激怒了他的人说："你所需要的应当是死亡许可证。你只要开口，我一定会帮助你弄到一份。"还有一次，他给一位编辑写信，在信中谈到一个校对企图"修改我的拼写和标点符号"。他以命令的口吻写道："此后再有此类情形必须遵照我的原稿处理，并且要叫那个校对把他的建议留在他已经腐朽的脑子里。"

　　写这种刺痛他人的信件，让马克·吐温感到心情畅快。这样，他的气出了，而这些信也没有招来任何不良的影响——因为他太太已经把这些信悄悄藏起来，根本没有寄出去。

　　你想帮助他人改变不良的生活习惯吗？这很好，我非常赞同。但为何不从你自己开始呢？以一个纯粹自私的观点来讲，这样做比有意地去改变他人所能获得的益处更多，而且所冒的危险也少得多。

第二章　像伟人一样宽容

我年轻时，一直想成为一个家喻户晓的专栏作家。有一回，我给当时美国文学界极负盛名的泰维斯写了一封信，向他求教写作的技巧，因为那时，我正准备给一家杂志写专栏文章。

几个星期后，我收到了他的回信，信的最后附注"此信系我口述记录，没有仔细核对过"。这句话引起了我的好奇，因为我知道，这样回信的人，工作一定很繁忙。而当时我一点都不忙，可是我急于想引起这个著名作家对自己的注意，在回信的最后也附注了同样的话。

泰维斯这次再也不屑回信给我了，只是将我的信件退回，并在信的下脚处，用潦草的字迹写了这样的话："你向他人请教的方式，真让人不敢恭维。"

是的，在这件事上，我的做法完全错误，也许我真应该受到指责。但人类那种天生的弱点，让我对泰维斯心怀愤恨。这种对他的痛恨，一直延续到 10 年之后的某天，听到泰维斯去世的消息时还存在。这件事本来是我错了，我却羞于承认。

要是你觉得激起一个人的愤恨，使他对你痛恨 10 年甚至到死，这样的事情很好玩的话，那么你就放任自己，对他人进行最具有刺激性的斥责与批评吧。

在与他人相处时，我们应该记住，我们不是与理想化的人相处，而是和有血有肉、活生生、有情感的人在相处。

苛刻的批评，曾令英国历史上最好、最敏锐的小说家哈代，永远地丧失掉创作小说的勇气，甚至使英国诗人托马斯·查特登选择了自杀。

著名的美国外交家富兰克林，青年时代并不显得机智聪明，然而在他成年之后，却在待人处世上极富个人魅力，曾出任美国驻法大使。后来，他在谈到他处世为人的成功秘诀时这样说："我从来不说他人的不好！我说的都是我所知道的每一个人的优点！"

卡莱尔先生曾讲过这样的话："想看一个伟人的伟大之处，那就必须看他在一生中，是如何对待卑微的人的。"

著名的试飞员鲍布·胡佛，经常在一些航空展览上表演飞行。有一次，他在圣地亚哥航空展览中表演完毕后飞回洛杉矶。就像《飞行》杂志上所描绘的那样，他的飞机在空中 300 尺的高度上飞行时，引擎突然熄火。他凭借着高超的技术，操纵着飞机安全着陆，虽然飞机严重受损，所幸无人员伤亡。

成功迫降之后，胡佛第一个行动就是检查飞机燃油。不出他所料，他所驾驶的这架二战时期的螺旋桨飞机竟然加的是喷气式飞机的燃油而非汽油。

返回机场后，胡佛立即要求见保养他飞机的机械师。胡佛走向那位机械师时，他正泪流满面。由于他的失职造成了一架造价昂贵的飞机损失惨重，而且还差点让飞机上的 3 个人丧失掉性命。

你可能认为胡佛会因此震怒，并可想见这位极有荣誉心、凡事都要求精确的飞行员痛责机械师的场景吧？可胡佛并没有这样做，甚至连批评都没有。相反，他用手臂抱住那位机械师的肩膀对他说："为了显示我相信你不再会犯类似的错误，我要你明天继续保养我的飞机。"

第三章　转载次数最多的文章

　　大多数父母总会隔三岔五地批评他们的孩子。我并非认为孩子不可以批评，但我想提醒父母们的是，请在批评孩子之前，读一读登在《家庭纪事》杂志的一篇社论《不体贴的父亲》。在取得作者的应允之后，我们把这篇文章刊印在下面。

　　《不体贴的父亲》是一篇随感小品文，打动了万千读者，成为大家再三转载的文章。自从这篇文章首次登载出来后，其作者李文斯登·劳奈德说："整个美国的大刊小报几乎都转载过，外国的情形也一样。我自己便答应过无数的人，允许他们在学校、教堂、广播节目中宣读这篇文章。我感到奇怪的是，一篇小文章竟然能如此深入人心！"

　　文章是这样写的：

　　　　孩子，在你入睡时，我有些话要对你说。你平躺在床，小手枕在脸下，金黄的卷发粘在你微汗的前额。我敛声屏息地走进你的房间。之前，我在书房里翻阅报纸时，一阵愧疚的情绪突然袭来，逼迫我不得不来到你的床边。

我回忆起很多的事，孩子啊，我对你太凶了。在你早晨穿衣服的时候，你因为怕迟到，只用毛巾在脸上抹了抹，我责骂你；你鞋子擦得不干净，我又对你发脾气；你把东西随便乱丢，我又对你大声呵斥。

吃早饭时，我又找到了你的毛病。你把胳膊肘撑在桌子上狼吞虎咽，桌上到处都是你吃落的碎渣；你在面包上涂很厚很厚的牛油。在我出门赶火车时，你正要出去玩耍，边往外走边挥手对我大声地说："再见，爸爸。"而我则皱着眉头对你说："昂首挺胸！"晚上，一切依然毫无改观。我在路上看见你跪在地上和同伴一起玩弹珠。你的长袜子破了几个洞，我当着你朋友的面押你回家，嘴里说着"袜子是要花钱买的——如果是你自己花钱买你就懂得心疼了"这样的话，这使你在朋友面前蒙羞。啊，孩子，我竟然对你说这种话！

你还记得吧？过了一会儿，我在书房里埋头翻报纸，你怯怯地走进来，一脸委屈。我抬头看见你，对你的打扰很反感，凶巴巴地吼道："你究竟想干什么？"你在书房门口犹豫了一阵，没有吭声，突然跑过来抱住我的脖子，吻了我一下，并且带着上帝为之动容、我的漠视也不能使之枯萎的爱，又用你的小手臂环抱了我一下，然后走开了，快速地轻跑上楼去了。

孩子啊，你走开不久，报纸从我的手里滑到地板上，一阵强烈的懊悔涌上我的心头。鸡蛋里挑骨头和动辄拿人出气的积习真是害我不浅，也令你深受其苦。孩子啊，我不是不爱你，而是对你期望过高了。我过早地用我成人的尺度来衡量你。

你的天性中却蕴含着那么多真、善、美。你的小小心灵犹如照亮群山的晨光——你跑进我的书房亲吻我并祝我睡个好觉的自发行为说明了一切。今晚别的一切都不重要了。孩子啊，我悄悄走到你的床边，跪在这里，心里满是愧疚。

这仅仅是没有多大效用的赎罪。我知道即使在你醒着的时候告诉你这些，你也听不明白。但从明天起，我要做一位真正的父亲。我要和你做朋友，你的痛苦也就是我的痛苦，你的快乐也就是我的快乐，我会把责难的话忍住，我会庄严地提醒自己："他仅仅是个小男孩！"我以前总把你当大人来看，但是我现在看你疲倦地睡在小床上的样子，感觉你仍然是一名婴孩。你依偎在你母亲的怀里，还只是昨天的事。我从前对你要求得太多了。

我们不能动辄责难别人，我们要试着了解别人那样做的原因。这比简单的批评更有益，也更有价值，而这也蕴含了同情、容忍和仁爱。

恰如强森博士所说："先生，世界末日来临之前，上帝的审判不会临到世人。"

第四章　撩拨起别人的欲望

　　每年夏天，我都要去梅恩钓鱼。我喜欢吃杨梅和奶油，但是我知道，水里的鱼喜欢吃小虫子。所以，每当我去钓鱼，用的鱼饵并不是我喜欢的杨梅或者奶油，而是鱼儿喜欢吃的小虫子或者蚂蚱，我把鱼饵挂在鱼钩上，放到水里，问鱼儿："你喜欢吃这个吗？"

　　用同样的方法，可以"钓"到人才，你为什么不尝试一下呢？

　　路依特·乔琪能够在其他战争时期的领袖都归隐后，还身居高位，他是怎样做到的呢？对此，路依特·乔琪的回答是："如果非要为其找到一个理由的话，那么就是因为他明白，鱼饵的选择，对于钓鱼是最关键的。"

　　时刻只为自己考虑，这样做是幼稚而且自私的。你关注的只是自己需要的东西，这一点是不可避免的，你要明白，别人也和你一样，关注的只有自己，别人对你也如同你对他们一样漠不关心。

　　谈论对方所需要的，并且提出建议，这是世界上唯一一种能够影响他人的方法。

　　当你对别人有要求的时候，请你牢记这句话！比如，当你看见你的小孩在吸烟，而你想阻止他时，你不要呵斥他，而是要告诉他，吸烟会让他在棒球队选拔中被淘汰，或者让他在赛跑中落后他人。

你要做到这一点，不管你面对的是一个孩子，还是一头小牛，或是一只小猴子。

有这样一个例子：一次，爱默生和他的儿子想把一头小牛赶进牛棚，他们和一般人一样，只想到自己要做什么，而没有想到小牛是否情愿这样。于是，爱默生负责在后面推，他的儿子负责在前面拉。小牛却死死地站在那块草地上，坚决不移半步。

有个爱尔兰女仆看到这情景，决定帮助爱默生父子，虽然她文化水平不高，但她至少了解牲畜的习性特点，知道小牛究竟需要些什么。女仆将自己的大拇指放在小牛嘴里让它吮吸，然后温柔地把小牛引进牛棚里。

从你出生开始，你的一切所作所为，无一例外，都是出于为自己考虑，因为，你明白自己需要什么。

即使你向红十字会捐献 100 元，又能说明什么呢？没错，就算那样，也不能说明什么，你捐献 100 元，只不过是因为你想要做件善事，或者觉得这样做很神圣，也有可能是因为你无法拒绝，所以才捐款的。但是，你捐款，只是因为你需要从中得到你需要的东西，这一点毋庸置疑。

哈雷·欧弗斯屈脱教授曾在他的《影响人类行为》中写道："我们最基本的欲望决定了我们的行为，无论在商务中、家庭中、学校中还是政治中，每当你想要让别人信服，都要将对方的迫切需要激发出来，这样，任何事情都可以顺利得多，不会遇到很大的困难。"

安德鲁·卡耐基小时候家里非常贫穷，他为别人做工，每个小时只有两分钱的工资，可是后来，他赏赐出去的钱，多达3.65亿美元。他小时候就明白了，要为别人的所需考虑，这是影响别人的唯一途径。他只接受过4年的正规教育，可是却深谙对待他人的方法。

在安德鲁·卡耐基身上曾经发生过这样一件发人深省的事情：他的嫂子有两个儿子，都在耶鲁大学读书，或许因为太忙碌，他们都没有时间去理会家里寄来的信，他的嫂子因为两个儿子迟迟没有回信而忧愁得生了病，可是她的儿子们却完全忘记了家里担心着急的母亲。

安德鲁·卡耐基听说这件事情后，给两个侄子寄去一封问候信。在信的最后，他附上一句，说信封里有两张五元钞票，是送给他们每人一张的。

其实，他没有在信封里装一分钱。

侄子们的回信很快就到了，他们感谢叔叔的问候，并且在结尾写道：信封里没有钱。

生活在俄亥俄州克里夫兰的史坦·诺瓦克先生为我们提供了一个很有说服力的例子：

> 一天晚上，他下班回到家中，发现他的小儿子迪米躺在客厅的地板上哭闹不休。迪米第二天就要上幼儿园了，可他不愿意去。要是在平时，诺瓦克看见这种情形早就把迪米赶回房间里去了，再命令他第二天必须去幼

儿园。可这次诺瓦克意识到这样做无助于迪米带着好心情去幼儿园。诺瓦克坐在椅子上想："假如我是迪米，我为什么不高兴去幼儿园呢？"他和太太列出迪米在幼儿园喜欢做的事情，比如用手指画画、唱歌、结交新朋友。然后他们就行动了。他和他太太莉莉、另一个儿子鲍布开始在厨房画手指画，并且享受画画带来的乐趣。不一会，迪米就站在墙角边偷看，之后就要求参与。诺瓦克告诉他不行，他必须先到幼儿园学习怎么画手指画后才能参加。之后，他和他太太以最大的热忱，用迪米能够听懂的话，把他们事先在表格上列出的事项详细讲解给他听，并告诉他在幼儿园会得到的乐趣。次日早上，诺瓦克以为自己是家里第一个起床的人，当他走下楼梯后，竟然发现迪米在客厅的沙发上睡觉。他走过去推醒迪米问他为什么会睡在那里，迪米告诉诺瓦克，他在等着去上幼儿园，他不想迟到。全家的热忱已在迪米的内心引起了一种强烈的渴望，而这并不是讨论、威胁或恐吓所能达到的效果。

明天，在你开口让别人做什么事情之前，不妨先停下来问问自己：我怎样做才能让他心甘情愿去为我完成这事？

这个问题的提出可以让我们不至于很冒失地、毫无希望地去和别人谈论我们的愿望。我为了举行演讲研究会，1 个季度里有 20 天在纽约一家饭店里租用大舞厅。有一次，在研究会开始前，那家饭店突然通知我，舞厅的租金要增加两倍，当时，研究会的通知已经公布出去了，入场券也已经全部卖出去了。

当然，我不情愿追交租金，可是对饭店方面说出我的意愿，又能起什么作用呢？他们只关心他们需要的。于是，两天后，我决定去面见那家饭店的经理。

我对那位饭店经理说："我当然不会因此而责怪你，如果我是你，我也会和你有同样的决定，经理的职责就是要让饭店盈利，如果不能做到这点，就会而且也应该被撤职。但是，如果你坚持要求增加租金的话，我想让你清楚其中的利弊。"

我拿出一张纸，在中间划了一条分割线，在线的一边写上"利"，在另一边写上"弊"。

在"利"的那一栏，我写上"舞厅可以空出来"，然后，我说道："这样，你就可以自由地出租舞厅，举办聚会，这会让你有更多的收入，比我作为演讲之用所付的租金要多很多。这一个季度，舞厅有 20 个晚上被我租用，这 20 天，你肯定损失了很多收入。"

我接着说："然后，我们来看看'弊'的这一边，'你的收入却因为我的离开而减少'。对我来说，因无法付出如此多的租金，无奈之下，演讲只能另换他处。但是，我想你也应该知道一个事实，参与我演讲会的，很多都是社会上层的知识分子，这些人群能够为你宣传你的饭店，就算你用 5000 元，恐怕也无法让这么多人来你的饭店。你难道不觉得这一切对你来说是很有价值的吗？"

我将利弊会产生的两种情况写在纸上，然后把纸递给饭店经理，我说："希望你认真想想这两种情况，然后再下决定，如果你想好了，请再通知我。"

第二天，我接到那家饭店寄来的租金改为只增加 50% 的通知。要明白，对于我所需要的减少租金的要求，我只字未提，我告诉他的，都是他所需要的，以及他该怎样做才能得到那些。

按照一般人的做法，我会气呼呼地冲进饭店经理的办公室找他理论，我会这样对他说："我的入场券都已经卖出去了，通知也已经发布出去了，这个时候，你突然要把租金调到300%，你这到底是什么意思？3倍啊，真是可笑！太可耻了，我坚决不付！"

如果是这样，又会有什么样的事情发生呢？争吵和辩驳恐怕就要爆发了。最终的结果又能如何呢？就算经理认识到了自己的失误，但碍于面子，也很难会承认这点，租金也不会重新下调了。

亨利·福特曾经说过这样的话："能够站在对方的立场，从对方的角度去考虑事情，就如同你为自己所想一样，这便是成功的秘诀。"在建立良好的人际关系方面，亨利·福特的话，就是一个很好的建议。

第五章 安德生夫人的信

我手里还有另一封信，是我的学习班里一个名叫"夫姆雷"的学员收到的，它是一家规模宏大的运输站的总监写的。收到这封信的人，会有什么样的反应呢？让我们先来看看这封信的内容吧：

爱德华·夫姆雷执事先生：

大部分在敝处交运货物的客户都在傍晚才送到货物，因此引起运输停滞，敝处的员工不得不延长工作时间，也降低了货车的运输效率，这严重影响到了敝处外运收货工作的正常进行，不可避免地造成了交货缓慢。

11月10日下午4点20分，我们接收到了贵公司交运的510件货物。

为了使之前所说的不好影响有所减少，我们希望能得到贵公司的理解和合作。以后如果有大批货物需要交运到敝处，能否可以尽早送来，或者在上午先送来一部分也可以。

如此也对贵公司的业务有益，你们的货车得以立即
返回，不会在敝处耽搁时间，同时，敝处也保证在收到
贵公司的货物后立刻发货。

　　　　　　　　　　　　　　　　　　总监某某上

读了这封信后，夫姆雷先生在后面写上了他的想法给我看：

这封信真正达到的效果，实际上和写信者的本意相反。他们
在信的一开始说的都是自己方面的困难，我们一般都不重视这些
的。接下来，他们也一点都没有考虑到，他们对我们提出的要求
是否会给我们带来麻烦。一直到信的结尾，才说出他们的要求能
给我们带来某种好处。

也就是说，我们真正关心的事情，在信的结尾才被提到，写
信者想说明的是合作的精神，而他们信中所体现的却恰恰相反。

现在，我们试着重新写一下这封信，让情况有所改善，我们
不需要在我们自己的问题上浪费笔墨，就如同亨利·福特说过的，
我们要"站在对方的立场上，从对方的角度思考问题，就像我们
为自己所想那样"。

以下是重写后的一种，这或许不是写得最成功的，但情况是
不是能够因此改善呢?

尊敬的夫姆雷先生：

贵公司在 14 年间一直都是受我们欢迎的好客户，我
们非常感激你们这些年对我们的关照，并且非常希望能
够为你们提供更优质的服务。但我们不得不怀着抱歉的

心情写这封信给你，因为 11 月 10 日，贵公司货车直到傍晚才运来大批货物，这样，我们就无法将优质的服务提供给你们了。

具体是因为这样的原因：我们有很多的客户都是在傍晚交货，这样，就会引起运输停滞，贵公司的货车有时也无法避免被堵在交货处外面，你们的货运也会因此被耽搁。

这种情况糟糕透了，该怎样避免这样的事情发生呢？

我们有这样一个建议：如果贵公司在上午有空闲时间，请在上午将货物送到我们这里。这样，贵公司的货车，也不至于因为堵塞而耽搁时间，我们会立刻将你们交运的货物发出去。而我们的员工也得以每天早点回家，能够吃上贵公司制作的美味面点。读过此信，请不要介意，我们并不是建议贵公司在业务方针方面进行改善，而是希望能够更优质有效地服务于贵公司。

无论贵公司何时送达货物，我们都愿意竭尽全力以最快的速度为你们服务。

你们业务繁忙，不必劳神回复！

某某上

巴贝拉·安德生女士曾在纽约一家银行工作，她为了儿子的健康搬到了亚利桑那州凤凰市去。她就是运用在培训班学习的原则，写了下边的一封求职信给凤凰市 12 家银行：

敬启者：

我已有10余年在银行工作的经验，对快速成长壮大起来的贵银行很感兴趣。

这10年以来，我在纽约银行的一家信托公司的各个部门担任过职务，现在已经是部门经理，熟悉银行信托各个部门的业务，包括和储户的关系、信用、贷款及银行行政。

我将在今年5月移居凤凰市，深信自己有能力帮助贵银行发展。我会在4月3日前后一星期到达，如能蒙赐机会，让我显示能力如何帮助贵行发展，则感激不尽。

敬颂商祺！

巴贝拉·安德生

你觉得安德生女士的这封求职信能够得到回应吗？答案是肯定的，12家银行中有11家来信邀请她去面谈，这足以供她选择。为什么呢？因为安德生女士没有说她要什么，而只是在她的求职信中讲她将如何帮助银行发展，她强调对方的需要，而非她本人的需要。

今天有成千上万干推销的人徘徊在路上，疲惫不堪、精神消极、收入不高。为什么？那是因为他们所想的只是自己想要的。大多数人没有发觉，你或我都不想买任何东西。如果我们想要的话，我们会自己出去买。可我们一直在想解决掉自己的问题。要是一个推销员能够让我们知道，他所提供的服务和商品可以帮助我们解决生活上的问题，他就不需要向我们推销东西了，我们自然就会去买他的商品。顾客购买商品是因为他们自己感觉需要，而绝不只是被动接受。

可很多干推销的人，做了一辈子推销员，却始终不明白应当从顾客的角度来看事情。例如，我居住在纽约市中心森林山丘的一个小住宅区。一天，我匆忙赶去车站，碰巧遇见一个搞房地产生意的人，他在长岛买卖房地产已经多年了。他对我住的森林山丘很熟悉。因此我问他，我的水泥房子是用钢筋还是用空心砖建筑的？他说他不清楚，但他告诉了我已经知道的事情，让我打电话问树林公园园艺公会。第二天一清早，我收到他的一封来信。他是否给了我所需要的资料呢？没有。其实他只要打个电话，就能在1分钟内得到我要的答案。可他没有打那个电话。他又告诉我，我自己可以打电话去问，然后他在信中说他想为我办理保险。他并非对帮助我感兴趣，而只是对帮助他自己感兴趣。

很多年以前，我的扁桃腺出了问题，于是我去费城一位著名的鼻喉科医生那里看病。在对我的扁桃腺进行诊疗之前，医生先询问我的职业。他关心的只是能从我这里拿到多少钱，而不是我的疾病，他觉得我的钱包大小要比我的扁桃腺大小重要得多。对于他的态度，我很是鄙视，决定不再让他为我治疗。到头来，他没有从我这里得到一分钱。

世界上到处都是这样的人，他们自私，喜欢掠夺，永远都无法满足。然而少数的那些无私的、愿意多为别人着想的人，反而得到了更多的收益。欧文·杨说过这样的话："如果一个人能够设身处地为别人着想，站在他人立场上考虑问题，他根本无须为自己的将来制订太多计划。"我们能从中学到一件事：永远要把自己放在别人的位置上去思考事情，知道别人的意愿和目标，以此做出决定。如果你真的学会了这一点，它将改变你一生的事业和生活。

　　了解他人的立场，并引发他对某件事迫切渴望的需要，并不是说要去操纵这个人，让他干对你自己有利的事，而是双方在这一情况下取得双赢。正如安德生女士的信让她与银行双方都得到了利益，银行获得了一个经验丰富的高级职员，而安德生女士也得到了一份舒适的工作。

第六章　为自己买张床

　　我的学习班上有这样一个学员，他的孩子不好好吃饭，非常消瘦，他为此担心忧愁，经常责怪孩子，要求他吃这个吃那个，想帮他快点长身体。

　　孩子会关心这些吗？当然不会。你不会去关心与你无关的一场盛大的宴会，孩子也是如此。

　　一个30岁的父亲希望自己3岁的小孩能明白自己的意思，这是没有任何常识的做法。那个学员最终发觉自己的所作所为是没有道理的。他问自己："什么才是我的孩子最需要的？我又该怎么做，才能从他需要的东西和我需要的东西之间找到契合点？"

　　当他考虑到这一点时，问题就简单得多了。他的孩子有一辆儿童车，孩子喜欢在屋子前面的便道上骑着玩。他们的邻居家里有个很淘气的孩子，比他们的孩子大几岁，那个大孩子经常把小孩子从儿童车上推下去，然后自己霸占车子玩。

　　每次遇到这样的事情，小孩子都要哭着跑回家向母亲告状，他的母亲就会出来把淘气的大孩子赶下儿童车，把车子归还给自己的孩子，这样反复很多次。

这个小孩子需要些什么东西？这不是个很困难的问题。他怒气冲冲，有强烈的自尊心，他想报复，他的自重感让他希望能够将那个淘气的大孩子一拳打倒在地。假如他的父亲告诉他，多吃些食物，就能快点长大，有强壮的身体，以后可以轻而易举地对付那个淘气的大孩子，这样的话，让小孩吃饭就不是问题了。现在，这个孩子已经不再厌食了，无论是蔬菜还是肉类，他都爱吃，他希望能够快点长成强壮的身体，去打败那个可恶的敌人，为自己报仇。

这个问题解决以后，另外一个问题又出现了，这个孩子有尿床的坏习惯，他的父亲为此烦恼不已。

孩子和奶奶睡在一起，早上，奶奶发现床单湿了，责问男孩："强尼，你看看，这就是你昨天晚上干的好事。"

每次，强尼都会这样回答："这不是我干的，是你尿了床，我没有尿床。"

他的家人为此打骂他，用这件事羞辱他，一遍又一遍地要求他不要再尿床，可是这没有起任何作用，强尼依旧会尿床。所以，强尼的父母向我询问："怎么才能让我们的孩子改掉坏习惯，不再尿床呢？"

我们来看看强尼想要的都是些什么：首先，他不喜欢像现在这样穿着和奶奶一样的睡袍睡觉，他想得到像父亲那样的睡衣。强尼的坏习惯让奶奶每天晚上都睡不踏实，所以她非常愿意为强尼买套睡衣，帮助他改掉坏习惯。其次，强尼不想再和奶奶一起睡，他想单独睡一张床，奶奶对此也很赞同。

强尼的母亲带他去百货公司，用目光暗示女售货员，这个孩子要买点东西。

女售货员问强尼："你想买什么，小伙子？"这样让他有了自重感。

强尼踮起脚，让自己显得高一些。他回答道："我想买张自己的床。"

强尼逐一挑选床，他的母亲喜欢其中一张，当他刚好走到那张床旁边时，他的母亲再次用目光暗示女售货员，于是，女售货员立即向强尼推荐这张床，详细地做了介绍。

当天晚上，床送到了，父亲下班回家的时候，强尼兴奋地奔跑到门口，要求父亲上楼参观他自己买的床。

父亲看到那张床的时候，想起了司华伯的那些话，于是，点头夸奖强尼，并且问他："强尼，你不会再尿床，弄脏自己的床了，对不对？"

强尼一个劲儿地摇头："不会的！我不会再弄脏这张床了。"因为自尊心，强尼没有违背自己做的保证，再也没有尿过床了，因为，那是他自己买的床，他倍加珍惜。他想做个"大人"，现在他做到了，他穿着睡衣的样子，简直就是个"小大人"。

除此以外，我的学习班中还有一个名叫"特许门"的父亲，他是一位电话工程师。他也遇到了类似的烦恼，他3岁的女儿拒绝吃早饭，无论父母如何呵斥、哄骗，都没有办法让女儿吃一口早饭。

这个女孩总是觉得自己已经长大了，她经常模仿自己的母亲。于是，一个早晨，她的父母请她为全家人准备早餐，而这正是女孩心理上真正需要的。当她准备早餐的时候，她的父亲走进厨房，女孩高兴地对父亲说："爸爸，快来看，我做得怎么样？"

那天的早饭，没有任何人呵斥或者哄骗女孩，她自己主动吃了两大碗饭，她从准备早餐中找到了快乐，得到了展现自己才能的机会，她珍惜自己的成就，因为她从中获得了自重感。

威立姆·温德曾经说过："人性中最大的渴求就是展现自己。"我们为什么不将这个道理运用到自己的生活和事业中去呢？

第七章　创造奇迹的信

　　现在让我们好好看看，这个《创造奇迹的信》的标题是否正确？不正确，说实在话，这个标题是不正确的。

　　应该说，这个标题把事实淡化了。下面转载的信所获得的效应，被认为比奇迹还要高出两倍。这是谁下的评断？肯·戴克。他可是全美在推展营业方面最具权威性的人士之一，曾担任过约翰·蒙维尔公司业务部经理，现在则是柯格特·鲍姆里公司的广告宣传部经理，以及全美广告行业者协会主席。

　　戴克说，过去他发出去要求经销商提供资料的信函，只会得到5%—8%的回复。他告诉我，要是能得到15%的回信，他就会认为非常了不起，要是能达到20%，那对他来说简直就是奇迹了。

　　可下面这一封戴克寄发给客户的信，却出乎意料地获得了42.2%的回信，换句话说，比奇迹还多出两倍。这是不能一笑置之的。这封信之所以获得这样的效果，并非偶然。许多其他的信，也获得了同样的效果。

　　这是怎么做到的呢？下边就是戴克自己做出的解释："在我听

了卡内基所讲的有关'为人处世'的课程之后，我所写出的信，发出后立即就有惊人的回应。我明白自己过去写信的方式完全错了。我尝试着去运用课程中所说的原则——结果是我发出去索要资料的信函，获得的效果翻了数倍。"

下面就是那封信函。信函中提到请求对方帮个小忙，使得对方内心很舒畅——这个请求满足了对方需要的一种在他人心目中拥有一个重要位置的感觉。括号里是我的评语。

布朗克先生大鉴：

现在我正面临一个难以解决的困难，虽然很冒昧，但是我毫无办法，恳求您给予我帮助。

（我们首先来分析下整个事情的形势。想象一下，亚利桑那州的一个木材经销商，突然接到约翰·蒙维尔公司一位高级主管的信函，在信函的第一行里，这位纽约的高级主管竟然要请他帮忙。我们就可以想象出，那位亚利桑那州的木材经销商一定扬扬自得地对自己说："啊哈，要是纽约的这个小子有事相求，那么他总算找对人了，因为我就是个乐于助人的人。嗯，让我们来看看他遇到的麻烦到底是什么吧。"）

去年我曾说服公司上层，让董事们明白，我们的经销商为了翻修屋顶而增加的营业负担，非常需要公司全额资助，展开一项全年度向经销商直接写信调查的活动。此项活动已获公司总裁批准，并且正在实施，想来阁下必已知悉。

（看到这里，那位亚利桑那州的经销商也许会说："这笔费用他们当然得支付。大部分利润都让他们给赚去了，每年好几百万，而我只赚到了一点零头，连支付房租都不够用的……那他的困难到底是什么呢？"）

　　近来我将一份调查表格寄给参与这项调查的 1600 多家经销商，得到了好几百份回复，显示他们很喜欢我们的这种合作方式，并在他们的回信中说非常有效。对于他们能拨冗函复，我个人深感荣幸和感激。

　　为了今年进一步拓展合作业务，我公司最近再度开展此项调查活动，想来这是阁下乐意看到的。

　　但是今天早上总经理照会我，讨论我去年所呈递的那份调查报告。总经理指示我，要对去年的经销商的营业情况做更深一步的调查。因此，我势必会再次麻烦阁下，请给予协助，以便我能及时呈本公司的总经理。

（这是很到位的几句话："我势必会再次麻烦阁下，请给予协助，以便我能及时呈本公司的总经理。"在纽约的这位大人物说的倒是实在话，他认真地承认约翰·蒙维尔公司在亚利桑那州那位经销商的地位的重要性。请注意，肯·戴克并没有把时间花费在吹嘘他们公司是多么重要，他很快就向对方表明他必须依靠对方。他似乎明白承认，如果没有这位经销商的协助，就没有办法向总经理回呈。远在亚利桑那州的那位经销商既然是一个普通人，那么他当然喜欢听到这样的话。）

　　下边是要麻烦您的一些事：

　　一、请在附上的邮卡上，列出您认为是由于去年直接函介活动而获得的翻修屋顶工程；

　　二、请把它们的估价总值（根据全部成本，请力求正确）给以明确的答复。

　　此次如能得到您的帮助，蒙赐上述两项资料，我将感激不尽。敬颂宏图大展。

业务拓展部经理　肯·戴克

　　信非常简单，不是吗？但由于说得诚恳，就创造了奇迹——请对方给予协助，一下就给了对方一种重要人物的感觉。

第八章　把热忱装满口袋

　　我5岁时，父亲为我买了一条黄毛小狗，这条狗为我童年的时光带来了无比的欢乐。它几乎每天下午4点半左右，蹲在我家庭院门前，盯着我放学回家的那条小路，等候我的到来。当它一听到我的脚步声，或者看到我拿着饭盒转过那片矮树林时，就会像射出去的箭一般冲上小山，欢快地叫着跳着来迎接我。

　　这条叫作"迪贝"的小狗，做了我5年的朋友后，惨死在一个我永远都无法忘记的雷电之夜，这是我童年时代的一幕悲剧，它在离我只有3米的地方被雷电击中。

　　要是你从来没有研读过心理学著作，现在你就不必去读它。因为你只要懂得从内心用真诚去关心他人，那么，在未来的2个月里你所结交的朋友，要比你用两年的时间，让别人对你感兴趣，主动来结交你的还要多。请允许我重复一下，在你的生活和工作当中，如果你时刻关心你周围的人，时刻对他们好奇、感兴趣的话，那么即使在短短的2个月时间里结交到的朋友，都会比你过去在两年里所结交的朋友还要多得多。

但是，我们都清楚，有的人终身没有朋友的原因，就是他一心想让人关心，或总想让别人对他感兴趣。

只希望他人关心自己，对自己感兴趣，而又能够真正成为朋友的，数量微乎其微。

纽约电话公司，为了研究人们在使用电话时，最常使用的词语是哪些，曾做过一项调查。其结果也许你已经知道，那就是人称代词中的"我"。有人曾在 500 多次电话谈话里，为"我"这个词做过记录，这个"我"被反复使用了 3990 多次。

现在请教你一个问题：当你看到一张有你在里面的集体照相片时，你最先看到的是谁？

要是你一直认为在你的生活和工作当中，人们都关心你，他们都对你抱有好感，那么，请回答：如果你今天晚上突然去世的话，你认为会有多少人来参加你的葬礼？

在我们生活工作中，除非你主动去关心他人，不然的话，人们怎么会对你有好感呢？请拿出你的钢笔与记录本记下下边的这段话：

在生活当中，如果我们只是想得到他人的关心，而不是自己主动去关心他人，让他人对自己感兴趣，那么，我们永远都不会拥有对我们真诚的朋友！因为，真正的朋友，不是这样做能够得到的！

拿破仑与情人约瑟芬最后一次见面时，也曾做过这样的尝试，他对约瑟芬说："我亲爱的约瑟芬，你知道的，在我失败之前，我是这个世界上最幸运的人之一，可是现在，在这个世界上只有你是我唯一可以信赖的朋友了。"而在历史学家的眼里，约瑟芬是不是真的得到了拿破仑的信任，还是个谜团呢。

著名的维也纳心理学家阿德勒，在他撰写的《生活对你的意义》一书中说道："一个在生活中不懂得关心他人，也从来对他人不感兴趣的人，其生活必遭受到严重的阻碍与困难，与此同时，他的这种生活习性，也会给他的亲人朋友带来极大的心理伤害和心理困扰，以至发生在整个人类历史中的那些悲剧事件里面，都能够看到这些人自私的身影。"

也许你已经阅读过很多关于人类心理研究的专著，然而你却没有深刻理解阿德勒著作里的这句话对我们的真实意义，我是个不喜欢过于重复的人，可是因为阿德勒所说的那句话对我们过于重要，我不得不再次将其写在下面：

> 一个在生活中不懂得关心他人，也从来对他人不感兴趣的人，其生活必将充满阻碍与困难。与此同时，他的这种生活习性，也会给他的亲人朋友带来极大的心理伤害和心理困扰，以至发生在整个人类历史中的那些悲剧事件里面，都能够看到这些人自私的身影。

年轻时，我曾在纽约大学选修短篇小说写作课程，那个时期里，教授我们课程的是一位在当时很有名气的文学杂志的编辑。他在一次教学演讲中跟我们讲到，他每天都要收到数十篇的小说稿件，他只需在这些稿件中，随便地看上几个片段，就能够感觉出这个作者是不是喜欢别人，因为他的职业直觉告诉他，一个不能和他人很好相处的作者的作品，是无法去感动读者的。

这个有丰富社会经验的老编辑在演讲过程中，有两次为自己在演讲中转移主题而停止演讲并向我们道歉。他在那次演讲中说："现在我必须像一个牧师那样，对你们进行忠告，如果你们中谁要想成为一个成功的小说家，千万不要忘记，先要做一个和他人友好相处的人，必须关心他人，关注他人。"

著名的魔术家塞斯顿40年来凭借惊人的魔术绝技，赢得了无数的观众，他走遍了世界各地，约有6000万观众观看过他的表演，这使得他有了200万的演出收入。在百老汇演出时，我曾有幸在他的化妆室对他进行过采访，我们促膝交谈了一个晚上。

与塞斯顿先生聊天的过程中，我问他什么是他事业成功的诀窍。他告诉我，他幼年时就离家出走，成了个四海为家的流浪儿，没有上过学；逃票乘过火车，在乡间的柴草堆里过过夜，挨家挨户地讨过饭。他能够识字是由于他经常看铁路两边的露天广告。

塞斯顿先生天生就有高人一等的魔术天赋吗？没有！这是他本人亲口告诉我的。虽然当下有关魔术知识的书籍出版了有几百本之多，但是，能够和塞斯顿一样有高超魔术技能的人，最多也不会超过几十个。他之所以能够成功，是因为他在表演中，有两个别人没有的优势。

这两个优势是：独特的人格魅力和懂得如何取悦观众。他表演的每一个动作与说话的音调，都是经过精心设计、严格排练的，这使得他在演出时，举止优雅，动作敏捷而迅速，反应灵活到位。

除此之外，塞斯顿先生对如何与他人相处，有浓厚的兴趣。

他说，许多魔术家表演的心态是：看我表演的都是些乡巴佬、傻瓜，我只需要好好欺骗一下他们就够了。而他却完全不是这样的，塞斯顿告诉我，他每次上台演出前，都要对自己说这些话："我要感激来观看我演出的人们，是他们让我获得舒适的生活，我一定要尽最大的努力，为他们表演好。"

塞斯顿说，每当他走上表演舞台之前，总要告诉自己："我爱我的那些观众，我爱那些来观看我表演的所有人。"这事情显得可笑吗？不符合常人的逻辑吗？你可以按照你的意愿去想，而我只是把这个深受人们爱戴的著名魔术家怎么待人处世的方式，不加评价地提供给你参考而已。

著名的歌唱家苏蒙·亨克夫人也对我讲述过同样的事。她在事业成功之前，生活贫困，有一次她觉得实在忍受不下去了，差点抱着刚出生不久的孩子一起自杀。虽然她那时期穷困潦倒，但是，她依然将自己喜爱的歌唱进行了下去，经过不断的个人努力，最后她获得了成功，成为一个轰动一时的歌唱家。她告诉我，她之所以能够成功，是因为她明白了怎么与他人相处，以及如何赢得观众等为人处世的技巧。

第九章　让人欣慰的交流方式

得出如此的经验，是由于我多年潜心研究怎么与人相处的结果：如果我们在日常生活和工作中，做到真心地关爱他人，那么，即使是全美国工作最忙的人，也会因感动而与我们合作。请让我为此举下面的例子来证明：

几年前，在伯洛克林兹文理学院，我曾举办过一个以小说写作为主题的讲习培训班。当时，我们希望能够请到诺里斯、赫司德、塔勃尔、许士等当时的著名作家来讲述他们写作的经验。就这样，我与培训班的学生们联名给他们每个人写了封信，说我们是如何喜欢他们的作品，诚恳地希望他们在有时间的时候，来我们培训班讲述一下他们成功的经验与诀窍。

在每一封信上，都有我们这个培训班 150 名学生的签名。并且我们还在信中写道，我们知道他们工作一定很繁忙，他们没有为我们演讲的多余时间，因此，我们在每一封信里都附上一张关于如何写作的问题表，请他们在有时间的时候，填写好寄回给我们。这些作家非常喜欢我们在这件事上的做法。于是，他们都抽出时间从老远的家中赶来伯洛克林，为我们做了有关写作的专场演讲。

我们还使用同样的方法，成功地邀请到老罗斯福总统执政时期的财政部长、塔夫脱总统执政时期的司法部长等其他的许多名人，来我们培训班做了专场演讲。

在这些年里，我认真地向我新认识的朋友打听，并随后记住了他们的生日。当然我不是为了研究星相学才这样做的。那么我在这件事上是怎么做的呢？首先我和新认识的朋友见面闲聊时，问他们是否相信出生日期与人今后的性格、个性、喜好有关系？然后，我请他们告诉我，他们出生的年月日，然后牢记住这个日子，在他们走后，我就将他们的姓名、生日记录到我的一个笔记本上去。

就这样，在这几年里，我养成了在每一年的年初，将那些记录在笔记本里的朋友的生日，分别誊写到我办公桌上的台历里去的习惯。每当到了我那些朋友生日的那天，我就会给这位朋友写封祝福信函，或者打封祝贺电报。当朋友接到我的贺电或信函时，他会非常高兴，因为除了他的亲人，在这个世界上还有一个我，在他生日那天祝福了他。

对他人热情、友好的处事态度，是让我们获得朋友最快捷的方式。如果有人打电话给我们，我们也应该如此，并在刚接通电话的时候，用热情亲切的语气说："嗨，你好！"纽约电话公司曾举办过培训电话接线员的培训班，他们要求培训人员在回答过询问者所问的电话号码之后，再对询问者说一句"很高兴为你服务"。

这种处事规则在我们日常商业活动当中使用有成效吗？这是

可以肯定的，我可以随口举出很多例子来，为了不浪费大家宝贵的时间，在这里我只举一个例子：

查尔斯·华特曾就职于纽约一家声誉极佳的银行。有一次，他被指派去调查一家与他所在的银行有业务来往的公司的财务现状。在多方调查之后，华特得知另一家实业公司的经理对他所要调查的那家公司的财务状况非常了解，可以为他提供所需的材料，因此，华特立即就去拜访这位了解情况的经理。在华特刚被人引进经理办公室的时候，一个年轻女人从门外探进头来，对那位经理说，这几天她那里没有什么好邮票给他。

这位经理朝那年轻女子点了点头，接着对来访的华特解释道："我在为我十二岁的孩子收集邮票。"

华特坐下后就对这位经理说明他的来意，随后对他提出了自己感兴趣的问题。可是这位经理却含糊其词，笼统而不着边际地应付了华特一阵，很明显他是不想把他知道的告诉华特。随后，无论华特怎么努力，那经理就是闭口不说。这次见面就此不欢而散了。

查尔斯·华特也是我讲习培训班里的一个学员，当时他对我们说："说真的，当时在这样的情形下，我真不知道自己怎么办才好。后来，在我感到无能为力的时候，我突然想到那天那位经理女秘书跟他的对话——邮票、十二岁的孩子，与此同时，我还想到了我们银行外汇兑换部，因为业务的关系经常与世界各地银行通信，有不少罕见的外国邮票。我想，这些邮票现在可以派上用场了。

"次日下午，我带上我从银行外汇兑换部弄来的邮票去见那位经理，同时在他约见我之前，我通过他的秘书转告他，我这次特意为他儿子带来了很多邮票。你们猜一下，这次我是不是受到了很热情的欢迎呢？那是理所当然的了。我一进门，这位经理就满面笑容地迎上来，紧握我的双手。在他看到我带来的这些邮票的时候，一再地跟我说：'唔，我儿子乔琪肯定会喜欢这张，看，这张更稀少，这是我们平日里很少能够找到的……'

"这次我与这位经理的见面氛围相当的友好和投机。我们谈了半个钟头关于集邮方面的事情，他还拿出他儿子的相片给我看。这之后，不等我开口，他就回答了我感兴趣的所有问题。并且，他还花了一个多小时的时间，为我详尽地提供了我这次调查所需要的各方面的资料。他还叫来他公司了解这个问题的职员问他所不了解的问题，又打电话问了他一些知情的朋友，使我对我受命所要调查的那家公司财务状况的各项报告、相关文件有了深刻的了解。"

第十章 永不消逝的感恩节

　　克纳福在费城一家煤炭厂做推销员，很多年以来，他一直想把自己所在的煤炭厂的产品，推销到一家在全美很有影响的联营百货公司去，可不知道是什么原因，这家联营百货公司始终不买他的产品，而向费城市郊的一家煤炭厂购买。况且，那家联营百货公司每次运煤时，又正好从他办公室的门前经过，这让他非常生气。为此，克纳福在我的学习班接受培训时大发牢骚，并为联营百货公司的垄断对国家以及社会所造成的潜在危害大加斥责。

　　虽然他嘴上这样讲，可在心里还是不甘失败。为什么自己在那家联营百货公司那推销不了产品呢？

　　为此，我劝他采取另一种方式推销他的煤炭产品，我把学习班的成员分成两组，就克纳福所面临的问题举行了一场辩论会，主题为"连锁性百货公司业务垄断发展，对国家与社会的危害"。

　　克纳福接纳了我的建议，参加了这次辩论会反方的那一组，并且同意为那家他反感的联营百货公司辩护。辩论会之前，我建议他直接去见那个不买他产品的百货公司的负责人。

克纳福在见到那个负责人时，马上就开门见山对他说："我这次来不是向你推销我的煤炭产品的，我现在有件事情想请先生帮个忙。"随后，他把他此次的来意告诉这个负责人，接着请求他说："因为我想不到除了得到你的帮助外，还有其他可以让我在这次辩论中获胜的方式，因此，这次我来就是希望你能够为我提供更多有关方面的资料。"

下面的是克纳福自己向我描述的关于那次约见的情况：

那天我去那家联营百货公司，要求见那个负责人，我让他的秘书转告那个负责人，请他给我 1 分钟的谈话时间，这样那个负责人才答应与我见面。当我对他说明这次的来意后，他请我坐下。其结果就是我和这个负责人，在他的办公室里会谈了 1 小时 47 分钟。他还打电话给另一家连锁机构中写过相关书籍的高级职员，向那人索要了相关的资料。这次会谈之后，他又写信给全国连锁性联营百货公司公会，要求为我找来有关这方面的辩论记录。

在谈到他所在的联营百货公司时，他觉得他所在的公司已经做到了服务社会的宗旨，他对他当下的工作感到满意和自豪。当他谈到这些的时候，我看见他的眼睛放射出热忱的光芒。这让我感到惊讶，我现在必须承认我开拓了眼界，因为这次拜访我让自己看到了做梦也看不到的事，这让我改变了以前对这个负责人的看法。

当我离开他的办公室时，他亲自把我送到公司门口，并把他的手放在我的肩膀上，预祝我在这次辩论会上取得胜利。最后，他对我说："明年春末你再来，我愿意订购你们厂的煤炭产品。"

这件事于我个人而言，简直是个奇迹，因为在这次拜访中，我并没有向他推销或央求他订购我所在公司的煤炭产品，可结果却是他主动向我订购。我想，是因为我的真诚感动了他，而且，我真心地帮他解决他所遇到的问题。在近两个小时的拜访中，我在他那里取得了比我在这10年里还要多的进展。原因是我以前只关心我自己和我推销的产品，而现在我所关心的却是他和他所关心的问题。

克纳福其实并没有发现另一种新的真理，早在耶稣诞生前的100年，古罗马著名的诗人贺拉斯就说过："当我们对别人感兴趣的时候，也就是别人对我们感兴趣的时候。"

要表示出你对他人的关切之情，这其实跟其他人际关系一样，必须是发自内心的诚挚情感。这样做不仅仅让付出关切的人有所收获，也能够让接受这份关切的人受到益处。这是一条双向道，会让当事双方受益。

居住在纽约长岛的马丁先生，在参加我的培训班时讲过一个故事，内容是一位陌生护士关切深深地影响了他的一生：

那天是感恩节，当时我只有10岁，住在一家市立医院，准备第二天就要做一次大型的整容手术。我知道，在以后几个月的时间里我所要遭遇的都会是一些限制和痛苦。我的父亲已经去世，我和母亲居住在一个小小的公寓里，依靠社会福利勉强度日。那天母亲刚好不能来看望我。我完全被寂寞、恐惧和失望的情绪所笼罩。一想到现在母亲正在家里为我担心，并且孤零零一个人，没有人陪她吃饭，甚至没有钱吃晚饭，泪水就涌出来，我把头埋在枕头下面暗自啜泣，全身因这种无助的痛苦而颤抖。一位年轻的实习护士恰好走进我的病房。她把枕头从我的头上拿开，拭去我脸颊上的泪水。她跟我说她和我一样很寂寞，因为她今天必须上班而无法和家人一起过感恩节。她又问我愿不愿意与她共进晚餐。晚饭的时候，她拿着两盘东西进来，有火鸡片、土豆泥、果酱和冰激凌。她和我聊天试图抚平我心灵上的忧伤。虽然她本应在下午4点下班，但她一直陪着我到深夜将近11点才走。她一直在陪我聊天、玩耍，直到我在床上睡去才悄然离开。10岁之前，我过过许多感恩节。但这个感恩节永不会消失，一个陌生的护士用温情融化了我内心的孤寂和沮丧。

第五篇

尽享快乐的生活

第一章　让对方觉得自己很重要

安德鲁·卡内基被人叫作"钢铁大王"，而他自己对钢铁的制造却知之甚少。替他工作的成百上千的员工，都要比他这位老板了解钢铁。

安德鲁之所以能够发财致富，是因为他懂得如何为人处世。他很早就显现出高超的组织能力与领导才华。10岁左右，他就已经知道人们对自己的名字非常看重。他在以后的生活中对这一点加以利用，从而赢得了很多与他人合作的机会。

下面是安德鲁童年的一个故事：他在苏格兰度过他的孩提时代。有一次，他在草丛里捕获到一只母兔子，喂养不久后，这只母兔生下了一窝小兔，但他没有东西喂养它们。于是他想出一个绝妙的主意。安德鲁对附近的小伙伴说，如果他们中谁能够找到足够的食物喂饱小兔，他就用他们的名字为小兔命名。这个方法非常灵验，让安德鲁一直牢记在心里。

很多年之后，安德鲁从事商业活动时，也使用类似的手段，使得他从中获得了几百万美元的利润。比如他想和宾夕法尼亚铁路公司合作，而艾戈·汤姆森那时正是这家公司的董事长。安德鲁在匹兹堡建立起一个巨大的钢铁工厂，并取名为"艾戈·汤姆森钢铁工厂"。请你设想一下，当宾夕法尼亚铁路公司要采购钢轨时，艾戈·汤姆森会将自己手中的订单交给谁？

安德鲁在经营小型汽车业务时，有一次与乔治·布尔门发生了激烈竞争，他再一次想起那只兔子给予的启示。

当时安德鲁控制的中央交通公司正因为想得到联合太平洋铁路公司的订单，和乔治·布尔门所负责的那家公司你争我夺，大杀其价，以至在这桩生意里双方毫无利润可言。因此，安德鲁与布尔门都去了纽约面见联合太平洋的董事。一个晚上，他们意外地在圣尼古拉饭店碰见了，安德鲁对布尔门说："晚安，布尔门先生，现在的情况是不是我们在出自己的洋相？"

"你这样说是什么意思？"布尔门反问安德鲁道。

于是，安德鲁把他内心的想法跟布尔门讲了出来——他希望两家公司合并，这样他们之间不但没有了竞争，而且还可以在业务上获得更大的利益。

布尔门很认真地听着，但并没有完全接受。在要结束这次谈话的最后时刻，布尔门问道："这家新的公司，你准备叫什么名字呢？"安德鲁马上说："当然，那肯定叫布尔门皇家汽车公司。"

这个时候，布尔门原本严肃的神情，一下就变得轻松了下来。"安德鲁，到我的房间里来，"他说，"让我们坐下来，好好地谈谈。"就是这次谈话改写了一部工业史。

安德鲁成功的秘密之一就是，他这种记住与重视朋友和商业伙伴名字的方式。他以自己能够叫出每一个员工的名字为荣。他经常自豪地说，当他亲任公司主管的时候，他所掌控的公司、企业从来没有发生过员工罢工的事件。

人们对自己的名字如此看重，甚至不惜代价让自己的名字在世间流传下去。即使是脾气暴躁、盛气凌人的阿迪·巴纳姆先生，也曾为没有子嗣继承巴纳姆这个姓氏而感到绝望苦恼。他甚至愿意支付 2.5 万美元给自己的外孙希柯·西雷，希望外孙将自己的名字改为"巴纳姆·西雷"。

几个世纪以来，贵族和有钱的商人都资助艺术家和作家，以求他们在作品里表现现实中的自己。图书馆和博物馆里那些极其有价值的收藏，大多都来自那些一心想把自己的名字流传在世的人们。

多数人记不住他人的名字，那是因为他们从来不肯为此花费更多的心思。他们的借口就是"我们太忙了"。但是他们中又有哪个会比罗斯福总统更忙，这个伟大的人却肯花费时间和精力牢记身边每一个人的名字，甚至连一个只见过一次的汽车机械师的名字也牢记下来了。

事情是这样的：克莱斯勒汽车公司为罗斯福专门制造了一辆汽车，因为是总统专用的，所以这辆汽车有些特殊。张伯伦带着一名技术工人一起把汽车送到了白宫。张伯伦曾给我写过一封信，在信中他说："我为罗斯福总统详细地介绍了这辆汽车上的所有特殊装置，并且教他如何驾驶，然而那天他教给我的东西更多，我从他身上学会了为人处世的艺术。"

张伯伦描述了当时的情景：

我刚到白宫总统就出来迎接我，他满脸愉快的笑容，并且亲切地叫出我的名字，这让我非常高兴。当我向他介绍汽车的每个细节时，他都全神贯注地听着，他认真的样子，我永远都忘不了。

　　这辆车子是经过精心设计过的，可以完全依靠手来驾驶。罗斯福总统在随从围绕车子参观的时候，对他们说："我认为这辆车的存在本身就是个令人叹服的奇迹。你只需在那个按钮上按一下，它就启动了，根本就不必费力气。实在是太完美了，我个人对于汽车制造的知识懂得太少，要是我有时间，我真希望把它一一拆开，看看它内部的动力结构是怎么回事儿。"

　　当罗斯福总统身边的朋友和工作人员赞美这辆车子的时候，他转过身来对我说："张伯伦先生，我非常感谢你为我设计出这样一辆汽车，你花费了这么多的时间和精力，这车子简直太棒了。"他赞叹车辆内部的冷却器，特殊设计的后视镜，车内的钟表和特殊的前灯，座椅上的椅套，驾驶者的座椅，车厢里专门设计并刻有他姓名缩写字母的行李箱。换句话就是，他关注每一个我花费不少心思的细节。

　　罗斯福总统还特意把各个零件指给总统夫人、他的秘书伯金斯小姐、工业部长及其秘书们看。他甚至叫来那个年老的黑人司机，说："乔治，你要帮我好好照顾这些行李箱。"

　　在我把有关驾驶方面的资讯介绍完后，罗斯福总统带着歉意对我说："哦，张伯伦先生，到此刻为止我已经让联邦储备委员会等待 30 分钟了，现在我必须回我的办公室去了。"

那次我带了名机械师跟我去白宫。我们到达白宫时，他就被介绍给罗斯福总统。他没有跟罗斯福交谈过，总统也是第一次听到这个机械师的名字。这个机械师天生是个腼腆的人，在这次会面期间一直躲在角落里。但在我们离开白宫之前，罗斯福总统找到这个机械师，握着他的手，叫出这个初次见面而且没有交谈过的人的名字，并感谢他来到华盛顿。他的言语发自内心，我想，在场的每一个人都能够感觉出来。

回到纽约后不久，我就收到了一张罗斯福总统亲自签名的照片，以及写了一小段话的致谢函。

富兰克林·罗斯福清楚一个最简单、明确又最重要的获得他人好感的方法，那就是牢记住对方的名字，让对方感觉到自己受到重视。但是，我们中又有多少人能够这样去做呢？

在我们被介绍给一个陌生人认识的时候，也许我们能够聊上几分钟，但是在说再见之后，我们多半都已经忘记了对方的姓名了。

要成为一个合格的政治家，他所需要学习的第一课就是：牢记每个选民的名字。

记住他人的姓名在商业界和社交上的重要性，差不多和在政治上是完全一致的。

拿破仑的侄子法国皇帝拿破仑三世，在谈到自己的记忆时，得意地说，即使他日理万机，他也能够记住他所见过的每一个人的名字。

　　拿破仑三世能够做到这点其实非常简单。如果他和一个刚认识的人见面，自己没有听清楚对方的名字，他就说："请原谅，我没听得太清楚。"要是他见到一个不常见的姓氏，又不知道怎么拼读，他就会请教别人："这是怎么拼写的？"在和人交谈的时候，他会把这个人的名字重复地在心里说上几遍，同时又试着把它与这个人的体貌特征联系到一起。如果这个刚认识的人在拿破仑三世看来是重要人物，他就会更进一步——在这人走后，把他的名字写在一张纸上，仔细地看，直到自己记住才将那纸撕掉。

　　这些都是需要我们花费时间去做的，因此爱默生才这样忠告我们："一个人良好生活习惯的养成，都是由生活中一个个琐碎的细节组成的。"

第二章　避免与他人争论

第二次世界大战刚刚结束不久的一天晚上，我得到了一个极有价值的教训。当时我是澳大利亚飞行家罗斯·史密斯爵士的经纪人。二战期间，他曾是澳大利亚空军战斗机的飞行员，被派到巴勒斯坦工作。二战结束宣布和平条约不久，他在 30 天内连续飞行半个地球的壮举震惊了全世界，因为从来没有人做到过。澳大利亚政府赏给他 5 万美金，连英国女王也授予他爵位。

在那段时间里，史密斯爵士是英国米字旗下备受瞩目的人物，很多人说他是大不列颠的英雄。有一次我参加了为史密斯爵士举行的一个晚宴。宴会当中，坐在我身边的一位先生给我讲了一则幽默故事，并引用了一句"谋事在人，成事在天"的话。

这位健谈的先生说，他引用的这句话出自《圣经》。可是我知道他错了。我非常肯定自己知道这话的出处。为了证明我丰富的知识，满足自己的优越感，我就针对很多事、很让人讨厌地纠正他。那人立即反唇相讥："你说什么？莎士比亚？绝不可能！那话出自《圣经》，这是绝对没有错的。"

和我争论的那位先生坐在我的右边，我左边是多年研究莎士比亚的老友——法兰克·贾蒙。因此，我让他对这个问题进行裁决。贾蒙听了后，在桌子下用脚踢我，对我说："戴尔，是你记错了，这位先生是对的。那句话的确是出自《圣经》。"

晚宴结束后，在回家的路上我对贾蒙说："法兰克，你明明知道那句话出自莎士比亚的，为什么还要说我错了？"

"是的，当然，"贾蒙回答说，"那确实是出自莎士比亚的作品，悲剧《哈姆雷特》中的第5幕第2场。可是，我亲爱的戴尔，我们都是宴会上的客人，为什么一定得找出另一个人的错误？那会让他高兴吗？我们为什么不给他留个面子？况且那人并没有问你的意见。他也不需要你的意见。为什么要跟他抬杠？戴尔，我最后想告诉你的是，在生活中要永远避免与他人发生正面冲突，那样你会感觉轻松的。"

"永远避免与他人发生正面冲突！"说这句话的人今天虽然已经不在人世了，可是他给我的教训仍旧记忆犹新。

这是我当时最需要得到的一个教训，因为在这之前我一直是个积重难返的好辩者。我小时候就喜欢和自己的兄弟为许多无聊的事情争辩，后来上了大学，又选修了逻辑学和辩论术，还时常去参加辩论比赛。后来，我在纽约教授演讲和辩论培训班的时候，有段时间很想编写一本这方面的书。而在几年后的今天，我甚至不敢承认自己在生活中是个喜欢争强好胜、固执己见的人。

自听了好友贾蒙的话后，我听过、亲自参与过、看过、还评判过数千次辩论会。由此我得出了这样的结论：世界上只有一种在争论中获得胜利的方法，那就是尽量避免与他人发生争论，而且要像躲避响尾蛇和地震那样去避免争论。

十有八九的辩论结果只能是：双方比以前更相信自己是绝对正确的。要知道争论中永远不会有真正的赢家。如果在争论中你失败了，那当然就败了，没什么好说的；如果你在辩论中获得了胜利，就其本质而言你依然是失败——因为即使你使对方的论点变得千疮百孔、一无是处，那又怎么样？你因此扬扬得意，而对方却因为你使得他毫无颜面而怨恨你。

"使一个人口服是容易的事，而让他人心服却很难。"因此，潘恩人寿保险公司为它旗下的员工立下一项"不要与客户争辩"的铁定原则。

一个优秀的推销员是从来不会与自己的顾客争辩的，即使是最不起眼的争辩，他也会小心翼翼地加以避免。可是要改变一个人的痼习也并不是那么容易的事。

有个现成的例子：前些年我的培训班来了个生性好强的爱尔兰人欧哈瑞。他没有受过良好的教育，喜欢和他人抬杠。欧哈瑞做过雇佣司机，后来又做卡车推销员，因为推销业绩始终不够好，所以才来请教于我。他来的那天，我随便问了他几个问题，发现他是个喜欢和他人争辩的人。在日常工作当中要是他的顾客稍有挑剔，他就会脸红脖子粗地和顾客针锋相对地争辩。当时他告诉我："有一次，一个家伙对我的卡车挑三拣四，我就火了，大声地教训了他几句，谁知那家伙就不买我的卡车了。"

欧哈瑞是个特例，因此我在培训他与他人交流的时候，并不教他如何和他人交谈，而是教他学会倾听和沉默，以便减少他跟别人争论的机会。现在经过培训的欧哈瑞已经是纽约怀特汽车公司的优秀推销员了。他是怎么改变自己不良的生活习惯而获得成功的呢？下边是他的心得：

　　现在如果我走进顾客的办公室推销汽车，顾客却说："什么？怀特汽车？这车子太不好了！哪怕你送给我，我都不会接受。先生你知道吗？我需要的是何赛车！""是的，先生。"我会这样和他说，"何赛这个品牌确实不错！你买这种车绝对很好。它们是大企业生产的产品，并且他们的推销员也是很优秀的。"

　　我这样顺着顾客的意思说话，顾客就无话可说了，因此我和他之间就没有什么杠可抬。要是他还说何赛车是最好的，我也会应和他说很对，这样他只能住口了。他总不能在我同意他的观点后继续说何赛车如何如何好吧。这时我就又有机会向他介绍怀特车的优点了。

　　这种情形若是放在过去那些年里，我听到他这样说话，早就火了，我会在他面前挑何赛车的毛病。可是我越是这样批评何赛车不好，顾客就越说它好，我越是和顾客争辩，他就越是喜欢我竞争对手的车子。

　　现在回想过去，真不晓得自己是如何干推销员这种工作的。在推销产品的时候我竟然把绝大部分的时间放在与顾客抬杠上，而现在我学会迎合顾客的观点，推销的效果居然比过去要好得多。

正如智者本杰明·富兰克林所讲的："假如你在生活、工作当中，经常和他人抬杠、反驳，也许偶尔能够取得暂时的胜利，但那胜利却是虚无的，因为你因此而永远地失去了他人对你的好感！"

我们得好好地思量一下本杰明的话，我们是要那种表面上的、事后又会感觉到无比虚无的胜利，还是要获得他人永久性对自己的好感？这两样东西，绝大多数的时候我们很难兼得。

也许你在有的争辩中是很有道理的，可是当这个争辩变得是去强行改变另一个人固有的观念时，我们都会发觉那其实是一种徒劳而又辛苦的工作。

威尔逊总统在任期间的财政部长威廉·麦肯铎，用他多年的从政经验总结出一个教训："在任何时候、任何地方，我们都不可能依靠辩论，使无知的人从内心信服。"

威廉·麦肯铎说的话太温和了。以我多年与各种生活经历不同的人交往的经验看，不仅仅是无知的人，就是任何人，如果你想用争辩改变他们的想法都只能是徒劳。

有一个例子可以说明我上面所讲的话：有一次，所得税顾问派生和一个政府税收稽核员，为一笔 9000 美元的款项争论了 1 个多小时。派生认为这 9000 美元事实上是应收账款里的死账，不可能收回，所以不该征收所得税。而那位稽核员反驳说："我不认为是死账，所以应该征收。"

派生在培训班说：

那是个傲慢而冷酷、性格固执的家伙。和这样一位稽查官员讲道理，简直是噩梦。你越和他争辩，他就越固执，简直毫无办法。因此，为了破解僵局，我决定放弃与他的争论，换了个话题，对他的"认真"的工作态度进行了赞赏。

我对他说："比起您处理过的其他重要而困难的事情，这件事实在是微不足道。我也花费过很多精力来研究税务问题，但是我得到的毕竟是书本上的死知识。而您的知识却来自实际的工作经验。我真羡慕您有一份这样贴近实战的工作，那样的话也许我能够有机会学习到更多的关于税务的知识了。"

我对他说的这些话，每一句都是真诚的。这个时候，那个税务稽查员在椅子上挺直了他的腰杆，接着就和我讲了他从事税务那么多年里得出的经验，他在实践工作中发现过很多偷税漏税的鬼花样，后来他口气缓和下来，又谈到他的孩子和家庭琐事。在我走前，他告诉我关于那9000美元的征收税，他会再研究一下，过几天告诉我结果。

不到3天，他约见了我，并告诉我那笔9000美元的款项，按照税务条例看是死账，可以不交纳所得税。

这个税务稽查员表现了普通人常有的人性弱点，那就是他需要一种自己是重要人物的感觉，以及别人对他权威性的重视。派生在9000美元的税务死账上和他争论，他就很自然地强调自己在这个方面的权威性。一旦派生承认了他在税收上的成就，他自然就变得宽厚，而且能够容忍他人观点了。

第三章　不要针锋相对

有一个千古不变的人际规则：我们一定要让自己的顾客、朋友、丈夫或者妻子，在细小问题的争论上经常胜过我们。争强好辩绝不可能消除误会，只能靠技巧、协调、宽容，以及用同情的眼光去看别人的观点。

林肯有一次在教导一位与同事发生争执的军官时说："所有想成就大事业的人不会在私人的争执上耗费时间。因为他知道任何无谓的争执都不会有助于解决任何问题，只会让人发火，让他的理智失控。一定要在与他人拥有同样权利的事情上多一些让步。与其和一只狗争路，被它咬，还不如让出道路，即使当时杀了那狗，其结果同样也不能治愈你被它咬伤的伤口。"

《点点滴滴》是一本非常著名的畅销书，书中一篇文章提出了怎样让不同观点不至于成为争论的建议：

　　一、欢迎不同的意见并记住这句话："在两个人意见完全不一样时，其中一个必须保持沉默。"要是你有些地方没有想到，而有人向你提出，你就应该由衷感谢。因为得到不同意见是你避免重大错误的最好机会。

二、不要相信你的直觉。在有人提出不同意见时，你的第一自然反应是进行自卫。这样做你要慎重，要保持内心的平静，并且小心你的第一反应。因为这可能是你最差劲的地方，而不是你最优秀的地方。

三、在遇到不同意见时，控制住你的脾气。记住，你可以根据一个人在何种情况下会发脾气，来测定这个人的肚量和成就究竟能有多大。

四、先静听为上。让对你持有反对意见的人有说话的机会，并且让他们把要说的话讲完。不要抗拒、防护和争辩，否则，只能在彼此之间的沟通上增添障碍。要努力去建筑互相了解的桥梁，不要使彼此之间的误解加深。

五、寻找意见相同的地方。在听完反对者的意见后，首先去想你所同意的部分。

六、要诚实地承认你的错误，并老实地讲出来。为你所犯下的错误道歉，这样做有助于解除反对者的武装和戒备心理。

七、同意仔细考虑反对者的意见，同意要出自真心。因为有可能反对者的意见是对的。在这时，你同意考虑他们的意见是个比较明智的做法。要是等到你的反对者对你说："我们早就告诉过你，可你就是不听"，那你就非常难堪了。

八、为反对者关心你的事而真心实意地感谢他们。

任何肯花费时间向你表达不同意见的人，必定和你一样关心同一件事情。要把他们当成要帮助你的人，这样也许就可以把你的反对者转变或你的朋友。

九、延缓采取行动，使双方都有时间把问题考虑好。建议当天或者次日再举行座谈会，这样所有的事实才有可能被考虑到。在准备下一次会议的时候，问问自己："那些反对者的意见，有没有可能是正确的？还是有一部分是正确的？他们的立场或者理由是否有道理？我的反应到底是在解决问题，还是只不过在减轻一些挫败感而已？我的反应会使我的反对者远离我还是亲近我？我的反应是否会提高别人对我的评价？我将胜利还是失败？要是我胜利了，我将付出什么样的代价？要是我保持沉默，不同的意见会不会消失？这个难题会不会是我走向成功的一次机会？"

唱歌剧的男高音真·皮尔士的婚姻接近50周年了。有一次，他对我说："我和我夫人在结婚不久就定下了协议。无论我们双方如何感到不满，我们都将遵守这项协议。这项协议是：当一个人发脾气时，另一个人就必须静听——因为当两个人都在大吼时，就没有什么沟通可言了，有的只是无尽的噪声。"承认自己也许错了，就能够避免不必要的争论。而且，还可以让对方与你一样宽宏大量，承认他自己有可能是错的。

罗斯福在白宫当总统的时候，曾坦诚地承认自己定下的最高标准：假如每天他在处理事务上有75%的决定正确，那么这一天他就已经做到最好了。

如果这个所谓的最高标准是 20 世纪最受瞩目的人对自己的希望，那么我们又该如何去做呢？

假如你可以肯定自己每天在处理日常事务上有 55% 的正确的话，那么你可以去华尔街日进斗金，娶明星做老婆，买豪华游艇度假了。反之，假如你不能确定，那么你又凭什么指责他人的荒唐和错误呢？

你可以用自己的肢体语言、面部的神态、说话的语调告诉一个人，他确实错了，正如用语言表达一般。然而假如你直截了当地告诉他错了，你以为这个人会对你感激不尽吗？不，绝对不会的！因为你这样去做是对这个人的智力、判断力、自信心，以及自尊等给予了直接的打击，这不但不会让他立刻改正错误，相反他会向你反击的。即使你运用柏拉图和康德的哲学逻辑和他讲理，他也不会改变自己的意志。

在无法取得他人认同的时候千万不要说："既然你不愿意承认自己的错误，我就证明给你看。"你这样的话就等于在说："在这件事情上，我就是比你聪明，而且我还能够找出证据证明你的错误。"

这是一种挑衅行为，一定会引起对方的极度反感与不适，不等你拿出证据他已经准备好迎战了。即使你语气委婉，要改变他人的意志也不是件容易的事情，更何况是在即将发生争执的那种特殊的情况下，那么我们为什么不在那个时刻适度地控制自己的情绪呢？

假如你想纠正他人的错误，就不应该直截了当地说，而应该使用一种巧妙方式，那样才不会得罪对方。

这就如同吉士伯爵告诫他儿子时说的："最聪明的人是不会告诉别人自己是聪明的。"

人们的观念时刻都在发生变化，20 年前我认为正确的事情，现在看来可能已经是不对的了。甚至在我研究爱因斯坦相对论的时候，我也持有怀疑的态度。也许再过 20 年，当我看自己写的这部书也会有所怀疑。现在我已经在任何事情上都不像年轻时那样随便下结论了。苏格拉底屡次告诫他的门徒说："我所懂得的唯一的事，就是我一无所知。"

我不希望看到自己装得比苏格拉底更聪明，所以在这里我也在避免告诉人们在日常生活当中经常要面临的问题是什么，同时，我觉得这样做对我自己也有好处。

假如有人说一句你认为不对的话，你知道他说错了。但若是你使用下面的话来讲，效果肯定不错："好的，就这件事情让我们探讨一下……因为我有个不成熟的看法。当然，也许我的看法是错误的，我经常把事情弄错，如果我错了，我愿意改正过来……其实我的意思是……"全世界的人都不会因为你这样的表达而责怪你的。

即便是一个科学家也是如此。有一次，我去拜访既是探险家又是自然科学家的史蒂文森，他曾在北极生活了 11 年，其中有 6 年时间，他的食物只有肉和水，再也没有其他东西可以吃。他告诉我那时他正在进行一项试验！我试着问他该项试验是做哪个方面的求证时，他的回答让我终生难忘："一个严谨的科学家是永远不敢求证什么的，我做这个只是试着去寻找事物本来的面目。"

你是不是希望自己的思维逻辑化？很好，除了你自己没有人能够阻止你！只要你随时敢于承认自己有可能犯错，就没有了其他的事带来的困扰，也不会与人发生争执。而和你一起共事的人，也会受到你这种自我批评的影响，在他出现错误的时候对自己进行反省。

要是你知道某个人犯了错，你直截了当地告诉他，或者指责他，你知道会有什么后果吗？现在我讲个个案供大家参考：S先生是纽约市一个年轻有为的律师，前不久他在美国最高法院为一个极其重要的案子辩护，关键的是，这是桩涉及一笔巨额资金和一项重要的法律问题的案子。

在辩护的过程中，审理这个案件中的一位法官问他："海军法的申诉期限是不是6年？"

S先生直视着法官的眼睛，沉思了一会儿，然后说："法官先生，海军法里并没有您提到的条文。"

S先生在讲习培训班回忆当时的情形时说："我这话刚一出口，整个法庭顿时陷入沉寂，当时屋子里的空气仿佛被冰冻一样，瞬间降到了最低点。我知道自己是对的，是法官错了，但是我当众指出了法官的错误。在这样的情形之下，那法官是否会对我的态度友善？不会的……当时，我相信自己讲的话在法律条款中是有依据可寻的，我也很清楚那次辩护比我以前任何一场法律辩护都要好，可我错了，因为我最终没能说服法官，我失败的原因就在于，我当众告诉这个既有学问又在法学界很有权威的人错了。"

在生活当中很少有人真正具有逻辑推理能力，而绝大多数怀有成见，每个人都承受着嫉妒、猜测、恐惧以及傲慢的伤害。很多人都不想改变他们的宗教信仰、已经养成的生活习惯，甚至他们的发型。如果你打算告诉一个人他有错，那么我诚恳地奉劝你在每天早饭的时候，将鲁滨逊教授所写的一段文章阅读一遍。他在文章里写道：

　　在生活中，有时我们会发现，自己会在不知不觉中改变一些生活习惯或对待世界的态度。但假若是有人指出我们做错事情时，我们就会面子挂不住地恼羞成怒，对那个指出我们错误的人心怀怨恨。我们不会在意我们的意愿或生活习惯因生活压力而有所改变，可一旦有人要改变我们养成的习惯时，我们会突然地变得固执起来，即使我们自己也很清楚那些习惯对我们确实不好。之所以如此，并非我们对那些坏习惯有强烈的偏好，而仅仅是因为我们感到我们的自尊受到了伤害。

　　"我的"这个词是人类最重要的词汇之一，如果能够恰到好处地加以运用，那就是智慧的开始。不管是"我的"饭、"我的"狗、"我的"房子、"我的"父亲、"我的"上帝等，这些词汇都具有无尽的力量。

　　我们并不只是反对指出错误，而是根本就不愿意看到有人来纠正"我们的"错误。我们乐意将我们认为"正确"的事情进行到底。若是突然有人质疑我们，就一定会激起我们的反感，并且使用各种手段来为自己进行辩护。

有一次，我请一位室内装潢设计师替我配置了一套窗帘，等看到他送来的账单时，我吓了一大跳。

几天之后，我的一个朋友来我这里正好看到这套窗帘，在聊到价格的时候，他嘲笑般地说："什么？这价格太卑鄙了。是你自己不小心才上当受骗的吧？"

真是这样吗？对的，她所说的句句属实，可是人们就是不愿意听到这样的大实话。因此，我竭力为自己辩护：价格贵，说明材质比一般的好。

次日，又有一个朋友来我这拜访，她非常喜欢我的这套窗帘，并诚恳地加以赞赏，她对我表示，自己也想买一套这样的窗帘。我听到她说的话后，反应跟昨天完全是两码事。我立即对她说："说实话，这套窗帘的价格偏高，现在我自己都后悔死了。"

当我们有错的时候，我们自己有可能会承认。假若对方给予我们承认错误的机会的话，我们则会从内心感激他，根本不需要他的提醒，我们自然就承认了。可是硬要把不符合我们胃口的东西往我们肚子里塞，不但我们自己无法忍受，而且后果也会不堪想象。

美国南北战争期间，和林肯政见不同的著名评论家格利雷，经常在他的政论文章里嘲笑、谩骂林肯，以为用这种方式能够使林肯屈服。他年复一年、日复一日地攻击林肯，甚至在林肯被刺的那天晚上，他还写了篇粗鲁、尖刻、嘲笑林肯的文论。

难道他的这些尖酸刻薄的文章，能够使林肯屈服吗？答案是，永远不能。

第四章　感情的化学反应

你是否想知道一个神奇的句子？一个可以停止争论，消解怨恨，制造好感，让人们能够倾听你说话的句子？

没错，就让我告诉你这么一句话。从一开始，你就要对别人这样说："我丝毫不会责怪你所做的一切，如果换作是我，也会做出这样的决定。"

世界上最狡猾固执的人，听到这样一句简单的话，也会立即不再强硬。可是，你说这句话的时候，必须是真诚的，因为如果你是他，你必定和他感受相同。让我以卡邦为例，如果你受遗传的身体、性格和思想与卡邦完全一样，而且你也和他有一样的处境、一样的经验，那么你就会成为和他一样的人。因为，他会沦为盗匪，全都要归因于此。

比如说：你的父母不是一条蛇，是你没有成为一条蛇的唯一原因。你没有出生在恒河河岸的印度家庭，便是你不会同牛接吻，不会奉蛇为神明的唯一原因。

你能够成为现在的样子，从你自身来讲，可以归功之处很少。

那个蛮不讲理、让你恼火的人，会成为那副样子，作为他自己来讲，也没有什么错。你要做的，只能是惋惜和同情这个可怜的人。你必须牢记约翰柯在看到街上走不稳路的醉汉时经常说的一句话：如果没有上帝的恩惠，我也会和他一样。

明天，你遇到的人中可能会有一大半都渴求别人的同情，如果你能够同情他们，他们就会对你友好。

我在一次播音演讲上说到《小妇人》一书的作者奥尔科特女士。我自然清楚她生长的地方是马萨诸塞州的康考特，然而由于一时疏忽，我把这个地名说成了新罕布什尔州的康考特，如果这种错误只出现了一次，或许还能够原谅，可是我却一连说错了两次。

那次演讲之后，我收到了大量质问、指责，甚至是侮辱的信件和电报，我的头上似乎围着一群嗡嗡乱叫的野蜜蜂。其中有一位生长在马萨诸塞州的康考特的老妇人，当时，她正在费城居住，她对我发泄了她强烈的怒火。读了她的信，我不禁对自己说："感谢上帝，幸亏我没有和这样的女人结婚。"

我打算给她写封信对她说，弄错了地名是我的不对，可是她却一点都不懂得礼节。这自然是我对她能说的最不客气的话。最后，我还会告诉她，她给我的印象有多么的恶劣。可是我并没有那样做，我尽力约束、克制自己。我知道，如果我真的那样做了，那就太愚蠢了。

我不想和愚蠢的人争论，所以我决定使她化仇恨为友善，我告诉自己："如果换作是我，恐怕也会是这样的态度。"所以，我决定对她心怀同情。后来，在去费城之前，我给这位老妇人打了个电话。我说："某某夫人，几周之前，你给我写了一封信，为此，我非常感激！"电话里传出她温和的声音："很抱歉，我听不出你的声音，能否告知你是哪位？"

我说："对你来说，我是一个陌生人，我的名字是戴尔·卡内基。几个星期前，你收听了我在电台广播里的演讲，并且指出了我犯的不可饶恕的错误。我竟然把《小妇人》的作者奥尔科特女士的生长地点弄错了，这是多么愚蠢的事情啊，我要向你表示歉意，你花费时间写信为我指出错误，我也非常感谢你。"

她在电话里说："对不起，卡内基先生，我在信里对你发脾气，态度非常粗鲁，应该是我向你道歉，请求你的谅解才对。"

我坚持说："不，不，那不是你的错，是我应该道歉，就算是个小学生，也不应该犯我那样的错误。第二个星期，我已经在电台里更正了那个错误，但是我觉得，我应该亲自向你道歉。"

她说："我的家乡是马萨诸塞州的康考特，200年来，我的家族在那里一直富有声望，我的家乡一直都是我的骄傲。当你把奥尔科特女士说成是新罕布什尔州人时，我真的难过极了。然而我为写了那样的信深感愧疚和不安。"

我对着话筒说："我愿意实在地说，我要比你难过十倍。我的错误并不会影响那个地方，可是却伤害了我自己。像你这样一位有身份、有地位的人，是不会轻易给电台播音员写信的。以后，如果你再在我的演讲中发现错误，我希望你还能来信指点。"

她在电话里说："你愿意接受别人批评，这种态度让别人愿意接近你、喜欢你，我相信你是个很好的人，我也非常愿意认识、接近你。"

从以上的通话内容来看，当我站在她的立场，对她表示同情，并且道歉时，我也得到了她的同情和歉意。我对自己能够控制激动情绪、以友善应对侮辱而感到满意，她能够因此喜欢我，也给我带来了更多的快乐。

所有在白宫工作的要员，几乎都要遭遇此类人际关系问题的困扰，连塔夫脱总统也不例外，他从自己的经验中总结出一个结论：没有什么比同情更能够消除恶感。在他编写的《伦理服务》一书中，有这样一个有趣的例子，讲述的是他如何平息一位失望却又有毅力的母亲心中的怒火。

塔夫脱总统是这样讲的：

在华盛顿居住的一位太太，她的丈夫在政界很有势力，她要我为他的儿子安排一个职位，为此，缠了我将近两个月。她还请了几个议院中的参议员，陪同她找到我，帮她说好话。

然而，只有技术型的人才才能够胜任这个职位。后来，有关主管推荐给我另外一个人担任了此职，没过几天，我就收到了那个母亲的来信。她在信中指责我忘掉了别人施予我的恩惠，并且剥夺了她的快乐。她的意思就是，我可以轻易让她得到快乐，可是我却不愿意这样做。她还说自己曾如何劝说她那一州的代表支持我的一项重要法案，可是我不但不报答她，还让她过得很不愉快。

当你收到这封信的时候，首先，你就会想用怎样严厉的言辞去应对这样一个粗鲁而没有礼貌的人，然后，你或许就要开始写信了。

212

但是，如果你足够聪明，你会把这封回信先锁起来，两天后再拿出来——这样的信，推迟几天邮寄不会有什么影响。然而两天后，你再把这封信拿出来重新看一遍时，就会决定不再把它邮寄出去了，这也便是我使用的方法。

　　我冷静地坐下来，用最客气的言辞给她回信。我告诉她，我很明白一个母亲在遇到这种事情的时候，会感到非常的失望。但是我对她坦白地说，这样职位的委任，并不以我的个人意愿就可以决定，必须要找到一个适合这个职位的技术型人才，而那个主管推荐的正是这样的人才，所以我才会接受。我希望他的儿子能够在原先的工作岗位上继续努力，并且期待他能够有所成就。

　　看了我的信，她平息了怒火，并且寄来一封信，对她的鲁莽言辞表示了歉意。

　　但是，短时间内，我所委任的那个人还不能来上班。过了几天，我又收到了一封以她丈夫的名字署名的信，然而信上的笔迹却和前两封一模一样。

　　这封信上说，因为儿子工作的事情，他的太太已经患上了神经衰弱，现在病倒在床上，胃里似乎长了肿瘤。为了能够让他的太太恢复健康，他问我是否可以把已经委任的那个人换成他儿子。

　　我回了一封信，是给她丈夫的，我在信中说，希望他太太的病情是诊断错误的，而且我非常同情他们遇到这样的情况，可是现在已经完全不可能撤回已经委派的人了。

　　几天后，接任的人正式到岗。就在我接到那封信的第二天，我在白宫举办了一场音乐会，而最先到达现场，向我和我的夫人致敬的，便是这对夫妇。

乔伊·曼古是俄克拉荷马州吐萨市一家电梯公司的业务代表。他所在的这家公司和吐萨市一家最好的旅馆签有合约，负责维修这家旅馆的所有电梯。旅馆经理为了避免给旅客带来太多的不便，每次维修时，最多只允许电梯停开两个小时。但实际的维护和修理至少要八个小时，而且在旅馆同意停开电梯的时候，电梯公司不一定都能够派出来他们所需要的技工。

在古曼先生找到了得力的技工后，就打电话给这家旅馆的经理。他对经理说："瑞克先生，我知道你们旅馆的客人很多，你要尽量减少电梯停开的时间，来方便你的客人。我了解你很重视这一点，我们一定尽量配合你的要求。但是，我们检查你们的电梯后发现，如果我们现在不能彻底把电梯修理好，那么电梯损坏的情形可能会更加严重，到时候，停开时间可能会更长。我知道，你不愿意给客人带来连续几天的不方便。"

听了古曼先生的话后，这位经理不得不同意电梯停开 8 个小时，因为，这总比停开几天要好。由于古曼先生向这位旅店经理表达了能够理解他的立场的言辞，因此，他很容易且没有争议地赢得了经理的同意。

霍洛克算得上是美国第一个音乐会经纪人，他对如何应付诸如嘉利宾、邓肯、潘洛弗这样的艺术家，有 20 多年的经验。霍洛克对我说，为了能够和那些性情古怪的音乐家友好相处，他总结出一个宝贵的经验：必须彻底同情他们可笑又古怪的性格。

有三年的时间，霍洛克担任世界低音歌王嘉利宾的经纪人。嘉利宾好像被宠坏了的孩子，这让霍洛克伤透了脑筋，用霍洛克的原话来说就是："无论在哪个方面，他都糟透了。"

例如，如果在晚上有要登台演唱的音乐会，当天中午，嘉利宾就会给霍洛克打电话说："我身体很不舒服，嗓子特别疼，看来今天晚上我无法登台了。"听了这样的话，霍洛克会和他争论吗？不，他才不会这么做！

霍洛克知道，作为一个艺术家的经纪人，绝对不可以这样处理事情，所以，他立刻动身前往嘉利宾住的旅馆，面带同情地说："可怜的朋友，你太不幸了，今天晚上你不能演唱了。我现在就去通知取消你的节目，跟你的名气比起来，这损失掉的 3000 块钱的收入并不算什么。"

听了霍洛克这样的话，嘉利宾叹口气，怀着感触的心情说："或者，你下午 5 点再来，看看到那时候，我的情况会不会有所好转！"

5 点的时候，霍洛克先生再次来到嘉利宾的旅馆，并且坚持要帮嘉利宾取消掉他的节目。然而嘉利宾却说："你再晚一点过来，也许到那时候我会好一些的！"

7 点半，这位低音歌王终于同意登台演唱了，他提出的唯一一个条件，就是在他登台之前，霍洛克先生要先上去告诉听众，嘉利宾患了重感冒，嗓子不舒服。霍洛克会应付着答应他，因为只有这样，嘉利宾才会登台演唱。

在盖兹博士编写的著名的《教育心理学》上有这样一段话：

"追求被同情是人类的普遍现象，孩子受伤后，会急着展示他的伤口，甚至故意弄伤自己，以此来博得大人的同情。"

成人也是如此，他们到处诉说自己的损失或者意外伤害，或者是患上的疾病，以及手术的过程。"一般人都有自怜的习性。"

第五章　学会激励他人

　　我出生在密苏里州的一个小镇子，附近的卡梅镇就是当年的美国大盗奇斯·贾姆斯的故乡，我曾经去过那里，奇斯的儿子仍然生活在卡梅镇。

　　奇斯的妻子对我讲述了当年奇斯如何抢劫银行和火车，然后把抢来的钱分发给附近的穷人，让他们把抵押给银行的田地赎回来。

　　当时的奇斯·贾姆斯或许觉得自己是个理想主义者，和以后的苏尔滋、"双枪"克劳雷、卡邦一样。而实际上的确是这样，凡是你见过的人，甚至是你照镜子时看到的自己，都会觉得自己很崇高，每个人在评价自己时，都希望能够高尚而无私。

　　银行家摩根在他的一篇分析文稿中写道：人会做的每件事都有两个理由，一个是听上去不错的，一个是真实的。

　　人们会经常考虑那个真实的理由，而我们面对自己内心的时候都是理想主义者，更喜欢考虑那个听上去不错的理由。所以，想要改变一个人的意志，就需要把他高尚的动机激发出来。

　　如果在商业上使用这种方法，会不会理想呢？让我们来看看宾夕法尼亚州某房屋公司的弗利尔先生的例子：弗利尔的客户中有一个总是无法满足的人，他对弗利尔恐吓说要从他的公寓搬走，但是这个房客每月 55 元的租约还有 4 个月才到期，可是他却说要立刻搬走，不理睬什么租约。

对于整个经过，弗利尔这样说道：

那个房客已经在这里住了整整一个冬天。我知道，如果他们搬走了，在秋天到来之前，这间公寓是很难再租出去的。我眼睁睁看着自己将要损失 220 元，心里万分焦虑。

这件事如果是发生在以前，我肯定会找到那个房客，让他重新读一遍租约，并且告诉他，想立刻搬走，仍然要把剩下的 4 个月的租金全部付清。

而这一次我却用了另外一种方法，一开始便这样对他说："先生，听说你打算搬家，但是我不相信这是真的。从各个方面的经验，我可以判断出你是一个说话算数的人，这一点，我可以和自己打赌。"

这个房客安静地听着，没有插一句嘴，我继续说："现在，我建议你把决定的事情暂时先放一放，不妨再仔细考虑下。到下个月交房租的日子前，如果你还是打算搬家的话，我会接受你的决定。"

我停了一下，接着说："到那个时候，我会承认自己判断的错误。但是我依然会相信你是个守信用的人，能够遵守自己曾经立下的合约。因为，毕竟我们究竟是人还是猴子，都在于我们自己的选择。"

果然如我所料，到了下一个月，这个房客主动来交房租了。他对我说，他已经和妻子商量过此事，他们打算接着住在这里，他们觉得，履行租约是很光荣的事情。

已经去世了的诺司克力夫爵士曾经看到一张报纸上刊登出一张他不愿意被公开的照片，于是就给那家报社的编辑写了封信。在那封信上中，他没有写："请不要再公开我那张照片，我很讨厌那张照片。"他想激起对方高尚的动机，你知道，每个人都会热爱自己的母亲，因此，在那封信中，他换了一种语气说："因为我的母亲不喜欢我的那张照片，所以请贵报以后不要再公开那张照片。"

当约翰·洛克菲勒希望记者停止拍摄他的孩子时，他也激起了对方高尚的动机。他没有说："我不希望孩子的照片被公开。"他了解每个人内心当中都不希望自己的孩子被伤害。他换了种语气说："各位，我相信你们当中很多都是有孩子的，你们应该知道，孩子是不适宜成为新闻人物的。"

柯迪斯原本是缅因州一个穷人家庭的孩子，长大后成为《星期六晚报》以及《妇女家庭》杂志的主编，挣了几百万。在报刊创办初期，他没有能力像别的报刊一样，以高价钱购买稿子，他无法聘请国内一流作家为他撰稿，然而，他却成功地运用了人们高尚的动机。

例如，他能够请到《小妇人》的作者奥尔科特在她声望最高的时候为他撰写稿子，仅仅是因为他签出一张 100 元的支票，但是并没有把支票交给奥尔科特，却捐给了她最喜爱的一个慈善机构。

也许有人会持怀疑的态度："在诺司克力夫、约翰·洛克菲勒和情感丰富的小说家身上使用这种方法或许会奏效，可是，如果是对那些不可理喻的人，能否使用同样的方法呢？"

这话说得没错，任何东西都不可能在任何情形下产生同样的效果，正如不可能有一样东西，可以在所有人身上都产生效果一样。如果你对你现在得到的结果感到满意，那就没有必要再改变什么了。如果你觉得不满意，那就不妨做些尝试。

最近，我决定在辞退那些职工的时候稍稍用一些方法，我先仔细查看他们在这段时间的工作情况，然后再让他们来见我。我这样对他们说："某某先生，这段时间，你的工作情况非常好。上次公司派你到组瓦克城办的那件事是很难完成的，可是你却做得这么出色，公司很幸运能拥有你这样的人才。你很有才华，而且有远大的前程，不管到什么公司，都会做出一番成绩的。我们公司很感激、信任你，并且希望你以后如果有机会，还会回来帮忙。"

那些被公司辞退的职工，看上去也没有以前那么沮丧了，他们不会因此觉得受了委屈。他们知道，以后如果公司有需要，还会请他们回来工作。所以，当新的工作季到来，公司请他们回来工作时，他们也会觉得我们更加亲切了。

第六章　给别人留面子

在我的培训班里，有两位学员一直在讨论"挑剔"的负面效果和给人"保留面子"的正面效果这两个问题。宾州哈里斯堡的佛瑞·克拉克提供了一件发生在他们公司里的事：

在一次公司生产会议中，一位副董事长提出了一个非常尖锐的问题，质问一位监督员——这个人是监督管理生产过程的。他的语气充满攻击的意味，且很明显就是要指责那位监督员在生产事务上的处置不当。这位监督员为了不愿在副董事长攻击时被羞辱，回答问题时含混不清。这一来，更让副董事长大发其火来，不但严斥了这位监督员，并说他撒了谎。

这次遭遇让这个监督员以前在工作上全部的努力毁于一旦，他本来是位很好的职员，但从那次起，他对于我们公司再也没有用了。不到几个月，他就辞职离开了我们公司，成为另一家公司的职员，而且据我所知，他在新的岗位干得相当出色。

我的另一位学员安娜·马佐尼提供了一件非常相似的事，所不同的只是处理的方式和结果。马佐尼小姐是食品包装业的市场营销方面的专家，她的第一份工作是对一项新产品进行市场测试。她说：

当调查结果出来时，我可真的惨了。我在我的计划中犯了一个非常大的过错，整个测试过程都必须重来一次。更糟糕的是，在下一次会议上提出这次计划的报告前，我没有时间去跟我的老板进行交流。

每次轮到我报告时，我真的是吓得发抖。我尽力不让自己崩溃，我知道我绝不可以哭，否则的话会被那些人认为女人太情绪化，而不能担任行政工作。我的报告相当的简短，只说因为发生了一个错误，我在下次会议之前，会对该问题重新研究。我坐下来后，想象着老板会教训我一顿。

但听完我的报告后，老板只是感谢我的工作，并一再强调在一个新计划中，犯点错并不稀奇。而且他说他有信心，经过第二次的普查，所有的事会更准确，最后得出的结论会对公司更有意义。

散会之后，我的思绪纷乱。在安定心绪后，我决定不再让我的老板失望。

如果我们是对的，那么别人肯定就是错的，我们也会因让别人丢脸而毁了他的前程。传奇人物法国飞行冒险家和作家圣苏荷依说过："我没有权力去做或议论任何事情，用来贬抑一个人的自尊。重要的不是我觉得他怎么样，而是他对他自己的认识如何。伤害别人的自尊其实就是一种犯罪。"

　　已故的德怀特·摩洛在生活中具有化解敌意的神奇能力。他是如何办到的呢？他总是赞扬对方的优点和为解决事情所付出的努力，多次强调，并小心地把它展示出来——不管做何种处理，他从来就没有指出任何一个人做错了什么。

　　每一个有良知的人都知道这一点——让别人留住自尊心。

　　世界上任何一个想成就事业的人，绝不会把时间浪费在满足于个人的胜利上。

　　1922 年，长达数百年的敌对和仇视达到了顶点，土耳其人做出了将希腊人驱逐出境的决定。

　　土耳其总统凯末尔怀着沉重的心情对士兵说："地中海是你们唯一的目的地。"这句话带来了近代历史中一次激烈的战争，最终，土耳其获得了胜利，当铁考彼斯和狄阿尼这两位希腊将军向凯末尔请求投降时，遭到了围观的土耳其民众的侮辱和嘲笑。

　　可是，凯末尔总统并没有表现出因战争胜利而骄傲的样子。他握着两位将军的手，把他们请上座位，说："两位将军请坐，你们肯定累坏了。"在讨论过投降细节后，为了减轻两位将军战败的痛苦，凯末尔立刻说："战争，就好像竞技比赛，高手有时也难免会失误。"

第七章　不要吝啬赞美别人

很早以前，我就认识了巴洛，他精通狗和马的性情，他把一生的精力都花在了马戏团和杂技表演团上了。我喜欢观看他对一只新加入的狗进行训练的样子。我注意到，每当那只狗在动作上有一点点进步，巴洛都会赞美它，并且轻轻拍它，把肉喂给它吃。

这不是什么稀奇的事情。几个世纪以来，训练动物的人都用着同样的方法。

让我感到奇怪的是，当我们想要改变一个人的想法时，为什么没有想到运用训练狗那样的方法呢？就如同用肉代替鞭子一样，我们为什么没有想到，用赞美来代替责怪呢？哪怕一点点的进步，我们也一样要赞美，这样，就可以鼓励别人更多的进步。

星星监狱的监狱长洛斯发觉，对凶恶的犯人，哪怕极小的进步都加以赞美，这种方法是很有效果的。在我撰写此书的时候，收到了洛斯监狱长寄来的一封信，信中写道："我发现，犯人们在受到适度的表扬后，更愿意和我们合作了，这比严厉的惩罚和责备有效得多，而且有助于恢复他们的人格。"

我从来都没有进过监狱，至少到现在为止还没有。可是同样的道理，当我回忆我的过去时，发现我的生活中某些方面曾经因为几句赞美的话而有了深刻的转变。你回忆一下，在你的人生中，是否也有过类似的事情？赞美赋予人奇妙的力量，这样的例子真是数不尽。

这里有一些例子：

50年前的那波尔斯一家工厂，有一个10岁的孩子在那里做工，这个孩子从小就怀着长大后成为一个歌唱家的理想，可是，他的第一个声乐老师却狠狠打击了他，那个老师说："你的嗓子太糟糕了，没有比你的声音更难听的了，你不能唱歌。"

然而，这个孩子的妈妈——一个贫穷的农村妇女——抱着孩子，安慰他，赞美他，说他一直都在进步，一定可以唱歌。为了省下给孩子交付学习声乐的费用，妈妈光着脚去做工。这位妈妈的鼓励和赞美，改变了孩子的一生，或许，你曾经听说过这个孩子的名字，他便是当代杰出的歌王之一——卡罗沙。

很多年前，伦敦有个青年渴望成为作家。可是他的生活好像和他作对似的，他到处碰壁，什么事情都和愿望相违背。他受了不到4年的正式教育，因为还不起债，他的父亲进了监狱，这个青年因此生活在饥饿当中。最后，他找到了一份工作——在一间遍地是老鼠的仓库里，为墨水瓶粘贴标签。

晚上，他和另外两个从伦敦贫民窟来的肮脏的小孩一起住在楼顶的一间小房子里，那里光线阴暗。他在写作上的信心被削弱了。在这样的环境里，他写完了他的第一篇稿子，夜里，他悄悄把稿子放进邮筒，怕被别人嘲笑。就这样，他一次又一次写稿和投稿，然而，他寄出去的稿子，也一次又一次被退了回来。

但是，激动人心的一天终于来了，他的一篇稿子被刊登了。虽然没有一分钱的稿酬，但编辑对他的作品表示了肯定，这个青年激动得流出了眼泪。

因为一篇稿子的刊登而得到的肯定和赞美，让这个青年的一生发生了转变。如果没有那次的肯定，他可能要终生待在老鼠遍地的仓库里做工。或许你知道这个青年的名字，他便是英国著名的文学家狄更斯。

50年前，一个青年在一个店铺里做事，每天早上5点起床打扫店铺卫生，每天一共要做14个小时的苦力。就这样，过了两年，这个青年再也无法忍受这样的生活。一天早上，他等不到吃早饭的时间，就步行去找他的妈妈，他的妈妈在15里以外的一户人家当管家，他一口气走到了那里。

他哭着求他的妈妈，样子好像发疯一般，他发誓再也不要回到那家商铺去做工了，否则，他宁愿自杀。他写了一封诉苦的长信，寄给他以前的校长，在信中，他说他已经没有活下去的意志了，他的心已经碎了。校长给他回了信，在信中赞美了他，夸他聪明，应该去找一份更合适的工作，然后，校长让他回到学校去当教员。

校长的赞美改变了青年的前途。在英国文学史上，这个青年留下了自己的名字。因为，从那以后，他撰写了77部书籍，他手中的笔，为他带来了100多万美元的收入。说到这，也许你已经知道这个青年的名字了，他就是英国著名的历史学家韦尔斯。

1922年，加利福尼亚有个贫穷的年轻人，没有钱可以让妻子过上更好的生活。礼拜日，他在教会唱诗班卖唱；如果谁家办婚礼，偶尔也会花5美元请他唱歌。他太穷了，住不起城里的房子，只好在农村一座葡萄园里，每月花12.5美元，租个破屋子。

虽然房子的租金十分便宜，但对于他来说，还是无法承受。他欠了房东10个月的房租，迫不得已，只好帮房东摘葡萄来抵房租。后来，他告诉我，那段时间，他穷得买不起吃的，只能用葡萄充饥。

对生活的失望让他几乎放弃了自己深爱的歌唱，为了谋生，他打算去做推销载重汽车的工作。就在这个时候，他的朋友休士鼓励了他，休士赞美他的嗓音有发展的潜能，建议他去纽约学唱歌。

最近，那个年轻人告诉我，就是这样一句简单的赞美和鼓励，让他的终身事业有了转变。他听了休士的话，找朋友借了2500元钱，开始了在纽约的声乐学习。或许，你也听说过他的名字，他就是出色的歌唱家铁贝得。

说到改变一个人想法的方法，如果我们要鼓励别人，让他们发现自己的潜能，那么，我们要做到的不只是帮助他们改变想法，而是要帮助他们改变一生的命运！

这话说得过火了吗？已经去世了的威廉·詹姆斯曾经是哈佛大学一位著名的教授，同时也是美国最负盛名的心理学家和哲学家，他为我们留下了这样一段著名的话：

"相比于我们应该取得的成就，我们现在还处于半醒的状态，我们只用到了自己全部能力的一小部分。换句话说，我们按照现在的状态生活，是在我们最大能力范围之内的。我们都有各种各样的力量，却从来都没有很好地加以利用。"

没错，就像前面提到的，我们都有各种各样的力量，却从来都没有很好地加以利用。这些潜在力量中的一种，就是鼓励、赞美别人，让他们知道，这些潜在的力量能够带来巨大成就。切记，赞美可以使一朵蓓蕾盛开！

想给人一个超乎实际的美名吗？那么，就用"灰姑娘"故事里的仙棒点在他的身上，这样，就会使他从头到脚焕然一新。

假如一个好工人突然变得对工作不负责任，你会怎么对待他呢？当然，你有权解雇他，但这并不能解决任何问题。你也可以责骂那个工人，但这只能引起对方的怨恨。

亨利·韩克是印第安纳州洛威一家卡车经销商的服务经理，

在他的公司里有一个工人，工作状况越来越糟。亨利·韩克没有吼叫，也没有威胁，他把这个工人叫到办公室里，跟他坦诚地谈了一次话。

亨利说："比尔，你是个出色的技工。你在这条生产线上工作了多年，你修理的车子顾客都很满意。其实，有很多人都在表扬你。但最近你完成一件工作所花的时间却加长了，而且质量也不如从前。你以前是个杰出的技工，我相信你会知道，对这种情况我是不会满意的。也许我们可以想个办法解决这个问题。"

比尔回答说，他并不清楚工作没有做好，他向上司保证，他的工作没有超出自己的专长之外，他今后会改进好的。

他这样做了没有？这是可以肯定的。他曾是一个优秀的技工，有了韩克先生的赞誉，他怎么会做得不如过去呢？

包汀火车厂的董事长华克莱说："如果你能尊重一个人，那么，一般人是容易被诱导的，特别是当你对他的某种能力表示尊重时。"

总之，想要从某方面去改变一个人，你就应该认为他在这方面表现出色。莎翁曾说："假如你没有一种品德，就只当你有吧！"更好的方法是，在公开的场合去宣称他已具备了你所希望的那种德行，用好的名声作为努力的方向，他就会痛改前非、积极向上，而不愿看到你的希望破灭。

雷布利克曾经在她撰写的《我和梅脱林克的生活》一书中讲到一个身份卑微的比利时女用人身上发生的惊人转变。

　　　隔壁的饭馆里有一个女用人，每天的用餐时间，她都会为我送来饭菜，大家叫她"洗碗玛丽"，因为她刚开始在饭馆工作时，是做洗碗之类杂活的。她的长相十分古怪，一对斗鸡眼，一双罗圈腿，瘦得简直只剩下骨头了，整天耷拉着眼皮，一副没睡醒的样子。

有一天，她为我送来面条的时候，我真诚地对她说："玛丽，难道你不知道你有丰富的内在财富吗？"

平时，玛丽好像习惯于控制自己的感情，即使有高兴的事情，也不愿意表现出来，生怕这样会给她带来什么灾祸。她把装着面条的碗放在我的桌子上，叹了口气说："太太，您说的什么呀，我从来没敢奢望过您的赞赏。"

玛丽坚信我不会拿她开玩笑。自从那天开始，她好像也开始注意自己了。她自卑的内心仿佛已经在发生着某种变化。她相信自己是没有被人发现的宝藏。她开始注意打扮自己，在她原先那趋于老化的身体上，逐渐闪烁出青春的光芒。

两个月之后，当我要从那个地方离开的时候，玛丽突然找到我，并且将她很快就要嫁给厨师侄子的喜讯告诉了我。她压低声音对我说："我要嫁人了。"她向我表达了感谢之意。我用了短短的一句话，就让她的人生发生了转变。

雷布利克把美好的名誉给了"洗碗玛丽"，而这个美好的名誉改变了她的人生。

比尔·派克在佛罗里达州透纳海滩一家食品公司担任业务员，

他对公司新系列的产品非常感兴趣。遗憾的是，一家大食品市场的经理将产品陈列的机会取消了，比尔为此很不高兴。他把这件事想了一整天，最后决定下午回家前再去试试。

比尔说："杰克，今天早上我离开时，还没能让你真正了解我们最新系列的产品，有几点遗漏的地方，假如你能给我点时间，我很想为你介绍一下。你有听人谈话的雅量，对此我非常敬重。当事实需要你改变时，我相信你会改变你的决定。"

这种情况下，杰克还能拒绝再听他谈话吗？在这个必须维持的赞誉下，他是无法拒绝的。

一天早晨，爱尔兰都柏林的一位牙医马丁·贵兹耶夫正在自己的诊所里，一位病人告诉他，他用的漱口杯托盘不干净，他听了之后非常震惊。不错，他用纸杯漱口，而不是托盘，但托盘生锈无疑显示出他的职业水准不够高。

这位病人走后，贵兹耶夫医生马上关了诊所，他写信给女佣布利基特，让她每星期来打扫两次。他这样写道：

亲爱的布利基特：

最近很少见面。我想我该抽点时间，为你付出的劳动表示谢意。不过，方便的话，我随时欢迎你来工作半个小时，做些你认为有必要经常做的事，例如清理漱口杯、托盘等。当然，我也会为你额外的服务付费。

第二天，当他走进办公室时，他发现桌子和椅子擦得几乎跟镜子一样明亮，他几乎从上面滑了下去。进了诊疗室后，只见干净、光亮的铬制杯托放在储存器里，这是他从未见过的。他给了女佣应得的表扬，只因为这一小小的赞美，便调动了她的积极性。她究竟花费了多少额外的时间呢？是的，一点也不比平时多。

鲁丝·霍普斯金太太是纽约市布鲁克林学校四年级的老师，她在开学第一天，本来对新学期充满了兴奋和快乐，但看到班上的学生名册时，她却感到了忧虑，因为今年全校最调皮的"坏孩子"——汤姆就在她的班上。只要有人愿意听，他三年级时的老师就会向同事或校长抱怨他。汤姆不只做恶作剧，他还跟男生打架、逗女生、对老师没礼貌、扰乱班上秩序，而且情况越来越糟。他唯一的长处，就是他能用最短的时间掌握学校的功课，而且非常熟练。

霍普斯金太太决定马上解决"汤姆问题"。当她与新学生见面时，她这样讲道："罗丝，你的衣服很漂亮。爱丽西亚，听说你画画很不错。"当她点到汤姆时，她直视着汤姆，对他说："汤姆，我知道你是个天生的领导人才，今年我要把咱们班变成四年级最好的一个班，这要靠你帮我。"开始几天她一直这样强调，对汤姆所做的一切给予表扬，还说他的行为表明他是一位很好的学生。霍普斯金太太的表扬产生了很好的效果，汤姆没有让她失望。

只要让人相信，改掉自己的缺点并不困难，只要有信心就能改正。对孩子、伴侣或雇员，如果你说他们做某件事显得很笨，没有天分，那你就错了，这等于毁掉了他所有要求进步的信心。但如果你用相反的方法，耐心地鼓励他，让他感到事情看起来很容易做到，让他知道，你对他是有信心的，他的才能还没有发挥出来，这样他就会练习到黎明，以求自我超越。

汤姆斯——他应该是对人际关系的艺术最有研究的一位人类关系学家——用的就是这样的方法。他会让你满意，给你自信和勇气，他能够激励你的进步。对此，我有亲身体会。

最近几个周末，我一直都是和汤姆斯夫妇一起度过的，上个星期六晚上，他们要玩桥牌，劝我也加入，然而我对桥牌几乎一窍不通，对我来说，这个游戏就像蒙着神秘的面纱，我始终都学不会。我只好说："不了，不了，我不会玩。"

汤姆斯对我说："戴尔，桥牌没什么难的，只要多费点脑子判断和记忆就行了，除此以外，没有任何别的技巧，你以前写过关于记忆的文章，所以桥牌对你来说也是轻而易举的。"

因为汤姆斯说我在桥牌游戏方面有天赋，于是，我平生第一次参与了桥牌游戏，有了这样的开始，我逐渐感到桥牌游戏并不像我想象的那么难。

第八章　工作是一生的筹码

　　如果你的年龄在 18 岁以下，那么你可能即将做出两项决定，这对你一生来说是最重要的，它们将深深地改变你的一生，对你的幸福、收入、健康可能产生深远的影响，可能成就你，也可能毁灭你。

　　这两项重大决定是什么？

　　第一，你将如何谋生？你将做一名农夫、邮差、化学家、森林管理员、速记员、兽医、大学教授，或者摆一个牛肉饼摊子？

　　第二，你将选择谁做你孩子的父亲或母亲？

　　这两项重大决定通常就像赌博。哈里·艾默生·佛斯迪克在他的《透视的力量》一书中说："在选择怎样度过一个假期时，每个小男孩都是赌徒。他必须以他的生活作为赌注。"

　　怎样做才能降低选择假期时的赌博性？读下去！我会尽可能地告诉你。首先，应该尝试着找寻你所喜欢的工作。有一次，我向大卫·古里奇——轮胎制造商古里奇公司的董事长——请教成功的第一要素是什么，他回答说："喜爱你的工作。如果你喜欢你的工作，那就像做游戏。"

爱迪生就是一个很好的例子。这位没有进过学校的报童，后来却彻底改变了美国的工业生活。爱迪生几乎每天在他的实验室里苦干 18 个小时，在那里吃饭、睡觉，但他丝毫不以为苦。"我一生中没做过一天工作。"他宣称，"我每天都乐趣无穷。"难怪他会成功。

查理斯·史兹韦伯也说过类似的话。他说："每个从事他所无限热爱的工作的人，他们都能成功。"

如果对于打算从事哪种工作还没有任何想法，你又怎么能够对工作产生热情呢？艾得娜·卡瑞尔夫人曾为杜邦公司雇用过数千名员工，现在是美国家庭产品公司的工业关系副总经理。她说："我认为，世界上最大的悲剧就是有很多年轻人不知道自己真正想做些什么。我想，一个人若只从他的工作中获得薪水，而别的方面一无所得，那真是太可怜了。"卡瑞尔夫人说，有一些大学毕业生跑到她那儿说："我得到了达茅斯大学的学士学位（或是康莱尔大学的硕士学位），你公司里有适合我的职位吗？"他们甚至不知道自己能做什么，也不知道自己希望做什么。这就难怪有那么多人在开始时野心勃勃，怀着玫瑰般的美梦，但到了 40 岁以后，仍一事无成，非常苦闷，甚至精神崩溃。事实上，正确的职业选择，甚至对你的健康也是非常重要的。琼斯·霍金斯医院的雷蒙大夫曾配合几家保险公司做了一项调查，研究使人长寿的因素，他把"适合的工作"排在首位。这正符合苏格兰哲学家莱尔的名言："祝福那些找到心爱工作的人，他们已不必再企求其他的幸福。"

最近，我和柯哥尼石油公司的人事经理保罗·波思顿畅谈了一晚上。在过去的 20 年当中，他至少接待了 7.5 万名求职者，并出版过一本名为《获得工作的六个方法》的书。我问他，如今的年轻人在求职时犯的最大错误是什么。"他们不知道自己想干些什么，"他说，"这让人特别吃惊。一个人在选购一件穿几年就会破损的衣服时所花的心思，远比选择一件工作要多，而这工作将关系他们的命运，他们将来的全部幸福和安宁都建立在这工作上。"

那怎么办呢？这道难题该如何解决呢？你不妨利用"职业辅导"这个新行业，它可能对你有所帮助，但也可能会损害你，这就看你所找的那个辅导员的能力和个性了。这个新行业距离完美的境界还很遥远，甚至连起步也谈不上，但它的前程非常美好。你如何利用这项新科学呢？你可以在住处附近找到这类机构，然后接受职业测试，并获得职业指导。

他们只是提出建议，最终还是靠你自己决定。要记住，这些辅导员并非绝对可靠，他们有时也会犯下非常荒谬的错误。例如，一个职业辅导员曾建议我的一位学生当作家，根据仅仅是她的词汇比较丰富。这太可笑了！事情并不那样简单，好作品需要将你的思想和感情传达给读者。要做到这一步，仅有丰富的词汇是不够的，更需要思想、经验、说服力和热情。那位职业辅导员建议这位有丰富词汇的女孩子当作家，实际上只完成了一件事，就是把一位极佳的速记员变成一位沮丧的作家。

我想提醒的是，职业指导专家并非绝对可靠。你也许该多请教几个辅导员，再通过常识判断他们的意见是否可取。

你也许会觉得奇怪，我怎么在本章中总提一些令人担心的话。

但如果你了解到多数人的忧虑、悔恨和沮丧都是因为对工作不重视而引起的，你就不会感到奇怪了。关于这种情况，你可以问问你的父亲、邻居，或是你的老板。智慧大师米勒宣称，工人不能适应工作是"社会最大的损失之一"。的确，世界上最不快乐的人，就是厌烦自己日常工作的"产业工人"。

你可知道在陆军中最容易"崩溃"的是哪种人？他们都是在分派去向时出问题的人！这些并没有在战斗中受伤，而是在执行普通任务中精神崩溃的人。威廉·孟宁吉博士是当代最伟大的精神病专家之一，他在第二次世界大战期间曾主持陆军精神病治疗部门的工作。他说："我们在军队中发现挑选和安置非常重要，就是说要使适当的人去干一项适当的工作……最重要的是，要让他们明确工作的重要性。当一个人对工作缺乏兴趣时，他会觉得自己被安排在一个错误的岗位上，觉得自己不被欣赏和重视，他会觉得自己的才能被埋没了。在这种情况下，我们发现，即使没有患上精神病，他也会埋下精神病的种子。"

的确，基于同一个原因，一个人也会在工商企业中"精神崩溃"。如果一个人轻视自己的工作和事业，他也会把工作搞糟的。

菲尔·强森的情况就是这样一个例子。菲尔·强森的父亲开了一家洗衣店，他把菲尔安排在店里工作，希望他将来能接管这家洗衣店。但菲尔厌烦洗衣店的工作，所以干得懒懒散散的，打不起精神，只做些不得不做的工作，其他的事情则一概不过问。有时候，他干脆"缺席"了。他父亲十分伤心，觉得儿子没有野心、不求上进，弄得自己在员工面前很没面子。

有一天，菲尔告诉他父亲，他想到一家机械厂做个机械工人。什么？一切又从头开始？这位老人十分惊讶。不过，菲尔还是坚持己见。他穿上油腻的粗布工作服，干得比在洗衣店还辛苦，虽然工作的时间更长，但他竟然快乐得在工作中吹起口哨来。他选修工程学课程，研究引擎装置机械。1944 年他去世时，已是波音飞机公司的总裁，并且制造出"空中飞行堡垒"轰炸机，帮助盟军赢得了第二次世界大战的胜利。如果他当年留在洗衣店不走，他会变成什么样子？尤其是在他父亲死后，又会是什么样子？我想，如果那样的话，洗衣店不久将会关闭。即使会引起家庭纠纷，我仍然要奉劝年轻的朋友们，不要只听从家人的安排，就勉强从事某一行业；除非你喜欢，否则不要贸然从事某一行业。

在你决定从事某一职业之前，先花几个星期的时间，对该项工作做个全面的了解。如何才能达到这个目的？你可以和那些在这一行业中有过 10 年、20 年或 30 年工作经验的人士面谈，这对你的将来可能产生很深的影响。我通过自己的经验对此深有体会。我在 20 岁时，曾请两位老人给予职业上的指教。现在回想起来，可以清楚地发现那两次谈话是我生命中的转折点。事实上，如果没有那两次谈话，实在难以想象我的一生将会变成什么样子。

如何获得这些职业指导谈话呢？为了便于说明，你可以假设自己打算做一名建筑师。在你做最后决定之前，你应该利用几个星期的时间，去拜访城里和附近城市的建筑师。你可以通过电话簿的分类栏找出他们的姓名和住址。不管是否有预先约定，你都可以往他们的办公室打电话，也可以给他们写信，向他们请教这些问题：

一、如果您的一生重新开始，您是否愿意再做一名建筑师？

二、建筑师这一行业是否人员已经饱和？

三、假如我学习了 4 年的建筑学课程，那时找工作是否困难？我应该首先接受哪一类的工作？

四、如果我的能力属于中等，在开始的 5 年中，我大概能赚多少钱？

五、当一名建筑师，好处和坏处有哪些？

六、如果我是您儿子，您愿意让我当一名建筑师吗？

你还可以去拜访他。如果你很羞怯，不敢单独拜访"大人物"，我建议你去做以下两点，这或许对你有点帮助：

第一，找一个同龄的小伙子一起去。你们彼此可以互相鼓励，增加信心。如果找不到同龄的伙伴，还可以请你父亲和你一起去。

第二，记住，你向某人请教，就等于给他荣誉。对于你的请求，他会有一种被尊崇的感觉。记住，成年人一向乐于向年轻人提出忠告，你去拜访的建筑师，他会很高兴接受这次访问。如果你不愿写信请求见面，那也无须预约，可以直接找到那人的办公室，对他说，如果他能向你提供一些指教，你将万分感激。

假设你拜访了 5 位建筑师，而他们工作又都很忙，没空儿接待你（这种情形不多），那么你再找另外5个，他们之中总会有人能接见你，向你提供宝贵的建议。这些意见也许能使你摆脱多年的迷茫，抚慰你的心灵。

记住，你是在做生命中最重要且影响最深远的两件事情。所以，在你具体行动之前，一定要多花点时间搞明白事实真相。如果不这样做，你将后悔后半生。

有能力的话，你可以给对方付费，补偿他半小时的时间和指教。更正你"只适合一项职业"的错误观念！每个正常的人，都可以成就多项职业；相对地，每个正常的人，也可能在多项职业上失败。以我为例，如果我研习并准备从事下面几项职业，我相信，我会有很多成功的机会，对从事的工作也一定非常喜爱。这些工作包括农艺、果树栽培、医药、销售、广告、报纸编辑、教育、林业等。另一方面，我肯定不喜欢下面这些工作，而且干起来也会失败，它们包括会计、工程、经营旅馆和工厂、建筑、机械操作以及其他数百项工作。

对我们来说，只要忙于工作，就很少出现精神上的问题。下班后的闲暇时光里，忧虑或许会向我们袭来，这时，我们就应该努力去做一些事情如家务。

无事可做时，我们的大脑通常会空空如也。当大脑一片空白时，就立刻会有一些事物去填补空白。通常来说，正是杂乱无章的情绪来填补那片空白。这时，忧虑、恐惧、仇恨、嫉妒和羡慕等情绪的能量将会冲破思想的牢笼，从而吞噬我们心境中的和平和快乐。

对此，哥伦比亚师范学院的教育学教授詹姆斯·默尔见解独到：

通常，在你忙完工作后忧虑就会占据你的心灵。这时，你的思绪会很烦乱，各种怪异的想法在你的脑海里涌动，小的失误很容易借机膨胀。你的内心就像一辆失去束缚的空车，横冲直撞，直到毁掉自己。有价值的工作是消除忧虑的最佳方法。

二战期间，我从纽约乘火车去密苏里农场，在餐车里遇到了一对夫妇，那位夫人是一名家庭主妇，她向我讲述了她消除忧虑的方法。

她说，珍珠港事件后，他的儿子加入了陆军。儿子走后，她整天担忧，几近情绪崩溃。现在儿子在哪里？他是否有危险？是否在前线？受伤没有了？不会阵亡吧？

我问她怎样走出忧虑的，她答道：

我找些事情，让自己操劳起来。首先，我打发了女佣，自己来做全部的家务，但这没起多大作用。因为，我做家务总是按部就班的，对此太熟门熟路了，根本不耗精力。我铺着床，洗着碗，还是不停地担忧。我意识到自己必须找一份工作，让我的身心劳累起来。这样，我就到一家商场去当了营业员。

工作时，我被顾客紧紧包围着，他们不停地询问价钱、尺码、颜色、布料等，我一分钟也无法停下来，再也没有时间去想其他问题了。晚上，我只感到浑身的疼

痛。晚饭后，我就躺在床上酣睡了。我没有时间也没有
精力去忧虑。

在《遗忘痛苦的艺术》一书里，约翰·考尔·波斯说："在专
心工作时，人们能把精神镇定下来，获得舒适和安全感，以及发
自内心的平静愉悦。"

一位真正经历过冒险生涯的女人——女探险家奥莎·约翰逊
也讲了一个从忧虑和悲伤中挣脱出来的故事。

她16岁时与马丁·约翰逊结为夫妻。婚后，他们离
开家，迁居婆罗洲的原始森林。此后25年间，这对夫妻
环游世界各地，为亚洲和非洲逐渐消亡的野生动物制作
纪录片。

后来，他们回美国进行巡回演讲，给人们放映动物
们的纪录片。一次，他们从丹佛城乘坐飞机前往西海岸
时，飞机失事，撞到了山峰上。马丁·约翰逊当场丧命，
而据医生们诊断，奥莎将永远无法离开床。看来医生们
并不了解奥莎·约翰逊。3个月后，奥莎为公众做了一次
轮椅上的演讲。演讲前，奥莎坐在轮椅上进行了一百多
次练习。我问她为什么这样做，她答道："只有这样做，
才能占去我忧虑和悲伤的时间。"

如果我们无法让自己忙碌，而是闲坐浪费时间，各种思绪都
会涌上来。而这种胡思乱想会掏空我们的内心，摧毁我们的自制

力。在南极时，海军上将白瑞德也发现了这个道理。那时，他在南极的冰天雪地中，躲在小屋里孤独地待了5个月。在这5个月中，方圆100英里之内，没有其他生命存在的痕迹。气温极低，当寒风吹过他耳边时，能感到呼出的气在空中结冰。在著作《孤寂》里，白瑞德记录了他在南极极夜的5个月里历尽煎熬的生活。他需要持续地忙碌，才能避免发疯。他在书中回忆说：

> 我养成了每晚入睡前为明天的工作提前进行准备的习惯。我为下一步该做什么进行规划，例如，花一个小时去维修通道，那是逃生用的；花一个小时去清理油桶，那是装燃料用的；花一个小时在储藏室旁边再挖一个洞穴，以存放书籍；然后，花两个小时对雪橇进行维修……
>
> 我用上述这些工作来消耗时间。效果良好，以致我产生一种感觉，觉得自己可以适应这儿……假如无事可做，生活顿时就失去了目标。没有目标，心里就不得平静，最后，精神就垮了下来。

我还知道一位纽约的商人，为了让自己没时间去思考其他杂事，他让自己忙碌起来，烦恼和忧虑从此远离他了。他叫柏尔·朗曼，在我的成人教育班里学习。他克服忧虑的经历很有意思，让我至今记忆犹新。下课后，我们在餐厅里吃晚餐，聊天到深夜，探讨他的经验。下面的故事是他向我叙述的：

> 18年前，我忧虑过度而患上了失眠。那时我心里非

常压抑，经常无端地大发脾气，内心惶恐不宁，精神就快要垮掉了。

当时，我在王冠水果公司做财务主管，公司在罐装草莓罐头生产上投资了50万美元。20年来，我们一直向生产冰激凌的厂家提供这种罐装草莓。突然有一天，我们的销售量急剧降低，原来冰激凌制造商为了削减成本、提高产量，直接在市场上购买鲜草莓。

我们无法卖出价值50万美元的草莓罐头，不仅如此，在一年之内，按照已经签订的合同，我们还必须再购进价值100万美元的鲜草莓，当时我们已从银行贷款了35万美元。销售上的糟糕情形将使我们无法还上银行贷款，情况十分被动。想起这些事，就让我寝食难安。

我赶到公司在加州的分厂，向董事长汇报市场上的情况已经风云突变，让他认清我们即将面临破产的形势。但是，他不相信这一切，还把责任一股脑儿推到纽约分公司所有业务员那里。

经过几天的努力，我最终说服他，让他停止生产草莓罐头，将采购的那些新鲜草莓直接运送到旧金山鲜果市场上出售。这样一来，我们的困难很大程度上得到了解决，这个时候，我不应该再忧虑了，可我却无法做到这一点。忧虑是一种恶习，一旦染上就难以脱身。我赶回纽约后，为每件事情忧心，各种货物都让我担忧挂念，例如公司从意大利购买的樱桃、在夏威夷购买的菠萝等，一切都让我无法入睡。为此我几乎精神崩溃了。

绝望中，我改变了原来的生活方式，结果，我克服了失眠症，也不再忧虑。我把自己全部的精力和时间都投在工作上，使自己根本抽不出时间来忧虑。之前我每天做7个小时的工作，那时我每天工作十五六个小时，忙到午夜。我还挑起了其他工作。当我忙完这些纷杂的工作，到家时已筋疲力尽，躺在床上不久就沉睡过去了。

　　3个月后，我克服了忧虑的习惯，每天工作七八个小时，恢复到正常情况。这件事到现在已经18年了，我再没有被失眠或忧虑困扰过。

　　萧伯纳有句话值得品味："许多人之所以生活不快乐，是因为他们有太多的空闲时间去忧虑自己是否幸福。"因此，没有必要去想它，应该让自己忙碌起来，让工作成为自己一生的筹码。

轻经典

出 品 人：许　永
责任编辑：许宗华
特邀编辑：林园林
装帧设计：海　云
印制总监：蒋　波
发行总监：田峰峥
投稿信箱：cmsdbj@163.com
发　　行：北京创美汇品图书有限公司
发行热线：010-59799930

创美工厂　　　　　创美工厂
微信公众平台　　　官方微博